To: Alice ♡

新發現！天然蔬果泥
幻彩｜手工甜點

一次學會好吃又好看的蛋糕/餅乾/糖果/和菓子/中式點心與甜品

爐卡斯————著
LUCAS CHEN

周禎和｜攝影

Thank you !
^_^

Lucas Chen
♡ 2018. 12. 15 #

大家都能做出繽紛又美味的彩色糕點

「只要您對食物保有熱情,千萬別覺得自己做不到!」許多人聽到這句話時,也許會想:「拜託!那是您的專業,您當然講得非常簡單」。可是,如果我告訴您,我的求學階段是學機械自動化工程科,完全沒有可以拿出來嚇人的餐飲背景呢?其實一切的開始都非常簡單,兩件事,一件是去體會食材的本質,另一件是您在創造食物時投注的愛,您會發現得到的成果會遠比自以為的來得更多更多。

十四歲起,大部分的時間我都窩在廚房,在當時的同學眼裡,自己簡直像個怪胎;出社會多年後,成立了自己的小小工作室,經由多年老友亞植有機農場的主人幼子姐與黃大哥帶領下,讓我有機會接觸到有機好農市集(對,我稱之為好農,而不是小農。)和教學這兩個領域,奔波在工作室與市集的期間,算是收穫最多的日子。有幸結識許多將食材本質與風味重現的在地好農,他們花出比一般農夫更多的心力,卻常常只因為蔬果食材不夠美麗,加上消費者常誤解漂亮的蔬果才是好的,而必須被迫捨棄許多嘗起來其實與好看的食材風味根本無異,甚至更佳的農作物。

當時我就在想:「這些色彩繽紛,在我眼裡一點也不NG的NG食材,一定有除了被捨棄做堆肥外,還有更多的用途吧?!」於是在市集期間,每星期和好農們收集來的「不完美」蔬果,在下個星期就搖身一變成為繽紛美麗的各款餅乾、蛋糕、麵包等,色澤之鮮艷還常被客人質疑偷放人工合成色素。當時除了大喊冤枉之餘,也趁勢一遍又一遍地告訴客人,這些產品是如何從不起眼的食材中誕生出來的。在轉成教學之後,也因為適逢食安風暴一波又一波,就更加有機會與更多人推廣在地天然食材的應用。當然,很多食材的屬性與處裡方式若不熟悉,其實往往得到的顏色或風味會和生鮮時大大不同,我非常開心有這個機會在這本書中,將自身集結的經驗全部分享給大家,讓每一位都能在製作中大大降低失敗率,同時能提高成就感喔!

一本書的誕生,是來自於非常多人的愛與信任才能完成,寫稿與拍攝期間非常謝謝日日幸福出版社的葉菁燕主編(小燕)、攝影師阿和哥,因為我完全不按牌理流程的風格,我想應該是主編遇過最想捏死的作者(認真的)。但是,也因為小燕主編的堅持:「老

師，您不能將讀者都想得和您一樣厲害，購買這本書的人，其烘焙程度百百種，您要將他們想成都是要準備做人生中的第一道點心，所以才來看您的書，更希望大家帶回家照著做時，是百分百成功且非常開心和親友分享！」讓我從原本的：「拜託！過程有必要這麼囉唆嗎？」瞬間回想起當年看著舊書攤上買來的二手食譜，因為步驟交代不清楚，我連基本的模具要抹油上粉做防沾都不知道，最後人生中烤出來的第一個海綿蛋糕完全黏在模具裡，然後用刀子挖得亂七八糟的，堪稱一場大災難！然後到接受主編細心到讓人驚嘆的做事風格，也希望這份用心，能讓拿著這本書的您日日幸福與開心！

當然，我的不受控制性格在食物創作路上，一直都有許多人協助，從娘親金嫂姐領著全家人將我完成的糕點不論好壞，都全部進入肚子而且一點也不浪費；到成立工作室、跑遍市集都全力相挺的好友兼粉絲頁管理員貓老大、喵怡、乾兒子Aries、拜把兄弟童與汪，再到總是用心替我記錄課程的志工攝影團隊河馬、老實人，及謝謝授權提供作者照給出版社的象丸等眾多好友。除了家人外，最大的精神支柱 Leslie Jimena：thank you for entering my life being my spiritual energy source, mahal kita！最後一定要提到的，就是據說一定要稱他是「料理界男神」地中海料理名廚馬可老師，謝謝您看到我也有瘋狂的料理魂，很帶種地推薦我給主編！

這是一本看步驟圖就會做彩色糕點，還有基本器具材料、天食彩色食材詳細介紹等的實用工具書，可以將每個人的基本功都奠定非常透徹，獻給正在「使用」這本書的您們！

CONTENTS

Part 1
安心玩出天然色彩

Part 2
暖心迷人烘焙點心

Part 3
小巧討喜糖果餅乾

Part
4
麵麵俱到中西麵食

Part
5
沁涼舒暢凍點冰品

Part 6

濃厚情感中式點心

Part 7

環遊世界異國點心

如何使用本書

2 這道點心製作完成的份量。

1 透過星星多寡呈現製作這道點心的難易程度，星星數量越少則表示越簡單。

3 保存這道點心的最佳方式及天數。

4 這道點心的中文名稱。

難易度：★★★★ ｜ 份量：12個 ｜ 最佳賞味期：常溫密封7天

彩色貝殼瑪德蓮蛋糕

5 這道點心賞心悅目的完成圖。

6 材料一覽表，正確的份量是製作點心成功的基礎。

材料

A 麵糊
低筋麵粉……120g
細砂糖……60g
全蛋……2個
乾酵母……3g
牛奶……25g
無鹽奶油（融化）……60g

B 其他
紅色染料……2g（P.44）
藍色染料……2g（P.49）
無鹽奶油……少許

綠色染料　　紅色染料　　原色

54

7 標示這道點心會使用到的天然蔬果泥或染料。

8 製作這道點心每階段流程的提示用字。

9 這道點心所屬單元。

【基本準備】

1 烤箱請先預熱至180℃;低筋麵粉過篩;無鹽奶油放室溫軟化,備用。

2 先在瑪德蓮模具內側,抹上薄薄一層材料B無鹽奶油防沾。

10 詳細的步驟圖解説,讓您在操作過程中更容易掌握重點。

【玩出顏色】

3 細砂糖、全蛋放入調理盆,一起用打蛋器攪打均勻(不需要打發),拌入乾酵母、過篩的低筋麵粉,混合拌勻,倒入牛奶及融化的無鹽奶油,攪拌均勻即為原色麵糊。

4 將原色麵糊分成3份(每份約120g),分別加入紅色染料、藍色染料,混合拌勻,然後裝進中號拋棄式擠花袋中,在尖端剪出約0.5公分的開口,將三袋裝進一個大的拋棄式擠花袋中,剪出約1公分的開口。

【烘烤】

5 將完成的麵糊填入模具至九分滿,放入烤箱,靠近上層的位置,烘烤10～12分鐘,中心呈現凸出稍微裂開即可取出。

11 作者最貼心的叮嚀,以及操作過程中的關鍵技巧。

Point
小叮嚀

● 瑪德蓮烘烤上色外,一定要烤到中間有凸出裂開才行。
● 瑪德蓮的麵糊可以在前一天先製作好冷藏,隔天再烘烤,所以非常適合預先做起來,客人來臨前再放入烤箱烘烤,然後享受剛出爐的瑪德蓮。

55

12 這道點心所屬頁碼。

需要準備的器具與食材

器具

手持式多功能調理機

用來將食材切碎，打泥或做果汁機的最佳幫手，處理少量食材時，也可以有效減少損耗，非常方便的機器，是目前家庭廚房中用途很廣泛的必備工具。

烤箱

烹調中西料理或烘焙點心使用，應用範圍廣泛，使用前一定要先充分預熱（依烤箱型號、性能與所需溫度5～20分鐘不等）。一般上下單一調溫的烤箱，只要掌握性能也非常夠用了，但若預算足夠，可以選擇上下分以分開調溫的烤箱。

壓麵製麵機

用來製作各式麵條、麵皮等麵點，可以取代人工費力擀壓才能達到的平整及所需厚度的機器。使用上要保持乾燥，髒了勿水洗，只要拿乾布擦拭乾淨後，抹上一層薄薄的植物油保養即可。

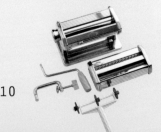

蒸鍋＆蒸籠

不鏽鋼製蒸鍋除了耐用外，在清洗完後只需要擦乾水分就可以了。木製蒸籠吸水性強不易滴水，所蒸出來的產品會有淡淡的木香味，使用完後除了清洗乾淨外，必須晾乾，以防止發霉。

平底鍋

用來拌炒餡料或是煎製水煎包，大部分平底鍋都有不沾處理，在鍋面使用鐵氟龍處理，使其具有不沾黏效果。清洗時建議使用表面較柔軟的布料或海綿層清洗，不宜用菜瓜布或鐵刷去刷洗，以免刷掉鐵氟龍設計，而損傷鍋子。

打蛋器

選擇不銹鋼材質為佳，外觀有球狀、網狀兩種，適合攪打混合雞蛋、蛋白霜、鮮奶油等少量材料。

手持式電動打蛋器

常用於攪拌麵糊、奶油、蛋白、鮮奶油等，可以更省力，有含各階段的變速功能，攪拌棒可以拆下來清洗，其價格通常為六百到一千元不等。

烤盤布＆烘焙紙

適用於鋪於烘烤類或需要加熱的產品下層，具有不沾的效果，適合使用於蒸、烤類點心及料理。烘焙紙也可以裁成所需要的大小，再放入蛋糕模防沾黏。

橡皮刮刀

材質為TPR橡膠、PP塑膠等，以無接縫設計面、不藏污納垢、強化橡膠材質耐摩擦、不刮傷其他器具表面為佳。適用於製作麵點、甜品等攪拌時使用，尤其是拌粉類、拌麵糊都非常適合。

篩網

材質以金屬為主，主要用來過篩粉類，篩網孔洞大小能依照需求而選購，也常用來過濾液體以濾掉雜質或氣泡，例如：布丁液、天然染料等，使產品質地更細緻。

擀麵棍

外觀分為直形、含把手形兩種，材質有塑膠、實木等，較常見為木製，主要是將麵糰擀成適當厚薄的作用，使用後必須洗淨並晾乾後收藏，忌用烘碗機烘乾，以免容易變形。

電子秤

電子秤能精準秤量所需要材料的重量，一般家用或新手入門者，選購可秤量3～5公斤的電子秤即可，最好能秤量到小數點後一位更佳。

溫度計

分為傳統及電子種類，使用在需要測量糖溫度的點心上，是不可缺少的必備工具。傳統類價格比較平價，但大約會有2℃上下的誤差；而電子類測量上比較精準，但價格也稍高，可以依個人預算選購。

調理碗

以玻璃或瓷材質為佳，適合秤量內餡材料、調味料，還有少量的粉類皆可。當內餡與調味料攪拌完成後，蓋上保鮮膜就能放入冰箱保存，而玻璃材質的外觀則容易判斷其內容物的種類。

長方形蛋糕模

適合各類重奶油蛋糕使用，也適用於冷類糕點，做為其裝盛模具（例如：娘惹糕、年糕、羊羹等）。使用前通常會擦上少許油來防沾黏，使用後清洗乾淨並保持乾燥即可。

方形慕斯圈

主要應用在慕斯類點心，但也適合在其他需要定型的冷藏類點心，只要底部墊上烘焙紙就可以省去脫底模的步驟。使用前通常會在內側墊上烘焙紙或擦上少許油防沾，使用後務必清洗乾淨並且保持乾燥。

方形蛋糕模

大部分應用在西式點心，但也適合在其他需要定型後可以直接脫模出來的糕點。使用前通常會在內側墊上烘焙紙或擦上少許油防沾，使用後務必清洗乾淨並且保持乾燥。

吐司模

有防沾與一般材質兩種，若購買到一般款，記得使用前要先擦上一層薄薄油，再上一層麵粉做好防沾步驟，使用後清洗乾淨並保持乾燥即可。

瑪德蓮蛋糕模

是製作法國著名糕點瑪德蓮所使用的專用模具，使用前擦上少許油防沾，使用後清洗乾淨並保持乾燥。

圓形矽膠模

主要用於製作水信玄餅，灌模、脫模皆容易，但也適合用在各類需要定型的冷藏類點心，使用後清洗乾淨並晾乾即可收藏。

布丁模

除了做為布丁模使用之外，當作杯子蛋糕或發糕類的底模也相當好用，直接使用時，通常會擦上少許油防沾，或是襯上一層蛋糕紙模，再倒入麵糊烘烤。

烤盅

鹹甜點心都適用的耐熱陶瓷烤盅，主要應用在舒芙蕾、烤布蕾或布丁的糕點，也可以做為小麵包的模具。

豆漿濾袋

一般過濾豆漿豆渣時最常用的濾袋，同時也可以應用在豆沙的製作或植物色料原液的過濾上，使用後記得充分洗淨並完全晾乾，才能收納，以免潮濕而發霉。

漏斗

材質從玻璃到塑膠、矽膠皆有，主要用途為液態材料裝瓶時使用，透過漏斗裝入瓶中，能避免噴灑出來。

滴瓶&滴管

主要應用在盛裝及吸取中西料理或點心的裝飾醬汁，本書則使用在自製天然染料的裝盛，使用起來更為方便，使用後清洗乾淨並晾乾即可。

塑形工具

依需要挑選塑形工具，主要使用在日式和菓子或精緻的中式點心及西式翻糖蛋糕，使用後清洗乾淨並保持乾燥即可。鑷子也是塑形最佳幫手之一，挑選時以不超過手掌長度大小為佳，比較方便操作細微裝飾的步驟，並取代手指讓操作上更加精準確實。

花針&花嘴

花針（又稱花台），操作擠花時的基底，有分平面、圓弧面與漏斗三種，本書中所使用為基本的平面形。花嘴是裝在擠花袋前端，做為擠製各類擠花造型使用的工具。

食材

細砂糖

又稱為白砂糖、白糖、砂糖、是製作糕點使用最廣泛的材料，也具有焦化作用，增加產品的脆硬度等特性。

純糖粉

不含玉米粉的純糖粉，用在不能被玉米粉影響配方比例的成品上，相對也更加容易受潮結塊，保存上要注意密封及保持乾燥。

透明水麥芽

主要製作甜食之用，透明無色，也沒有傳統茶色麥芽糖的香氣，主要用途多運用在不被影響顏色的點心，例如：牛軋糖。

海藻糖

非還原性糖類（不會起梅納反應的意思），甜度相當於蔗糖的45%，多用於替代細砂糖之用途。

椰子花蜜糖

又稱椰糖，源產於東南亞地區，由椰子花花蜜風乾碾碎製成，風味溫潤，與棕櫚糖用法一樣，屬於低GI食材，是適量攝取糖分時，非常好的低精製天然產品。

洋菜粉

又稱寒天粉，多應用在果凍或羊羹類的點心上，使用上的比例為1：50=洋菜粉：水分

果膠粉

萃取自柑橘皮的純果膠粉，大多應用在法式軟糖或果醬中，使用前必須先與少量砂糖混合，如果直接加入熱鍋中，很容易導致結塊狀況。

晶亮果凍粉

與洋菜粉作用相似，但其製成品口感較為富彈性，主要用在近幾年很流行的日式點心水信玄餅，或是用在凍飲冰點產品，與水分的使用比例依產品不同，粉：水的比例大約=1：50～65為佳。

吉利丁片

豬骨或豬皮的膠質萃取物，應用在中西點心的凝結上（例如：慕斯或高湯凍），必須先泡冰開水軟化後使用，使用比例為吉利丁片重量：水分=1：40為宜。

在來米粉

在來米水磨後脫去水分所製成，主要應用在中式粿類點心的軟硬度調整。

蓬萊米粉

蓬萊米水磨後脫去水分所製成，主要應用在米製蒸點，完成品較富彈性。

日本太白粉

又稱熟太白粉，不需要再經過加熱程序。大部分應用在完成後就直接食用的點心沾裹及防沾用途。

黃豆粉

大部分應用在中西式點心的沾裹及搭配食用，需要炒熟後使用，以發揮其香氣。

無鋁泡打粉

熱加工烘焙或中式點心等會用到的膨脹劑之一，有別於傳統泡打粉，無鋁泡打粉是在合理範圍內皆可以放心使用的食材，使用比例上限為配方中粉類的總量4%之內為宜。

原味米香

生米爆炒製成，不含糖，主要用途為台灣及東南亞冰品的配料，也常應用在台式傳統點心。

食用玫瑰花水

蒸餾玫瑰精油時的副產品，食用級玫瑰花水與化妝保養品用的花水差別是不含防腐劑，主要用在添加點心香氣，因為不含防腐劑，所以保存期限短，務必要冷藏保存。

天然香草精

以蒸餾酒浸泡天然香草豆莢所製成，是西式烘焙點心中增添風味最受歡迎的味道，市面上販售的大部分皆調水稀釋過，價格也相對較平價，顏色為黑褐色，注意不要買到加工合成的透明香草香精。

水果罐頭

水蜜桃罐頭為水蜜桃去皮後用糖水煮熟，封罐所製成，適合應用在各式凍飲冰點上，使用前必須先瀝出糖水並拭乾，是水蜜桃新鮮品非產季時的方便商品。什錦水果罐頭是綜合水果用糖水煮熟後封罐，在製作只需要少量及多樣水果的糕點，又一次無法消耗太多新鮮水果時，不錯的替代選擇。

東南亞水果罐頭

棕櫚果罐頭又稱海底椰，是新鮮棕櫚果去殼後，以糖水煮熟再封罐，口感類似椰果；波羅蜜罐頭為新鮮波羅蜜去籽後，以糖水煮熟再封罐，它們的主要用途為台灣及東南亞冰品的配料，使用前先瀝出糖水。夏天時，在台灣可以購買到新鮮波羅蜜。

天然色彩玩出漂亮糕點

　　我的粉絲頁「Lucas&Food for thought」當中的Food for thought字面上看起來與思考食物有關，但其實它有著發人省思的解釋，是一句相當有意思的話，涵意讓我非常喜歡，也表達出我一直希望能將好的食材做更多發揮與應用的想法。

　　現今食安問題越來越多，常看父母為了怕孩子吃到什麼黃色幾號、紅色幾號等一堆的合成色素，可能會引發孩童其他身體疾病的產生而傷腦筋。在過去跑有機市集的期間，常發現台灣其實有許多好農（對，我不稱小農，我稱好農）有著非常多且很棒，卻可能因為外觀不夠美麗而無法販售的農產品被淘汰，我總是將這些美好風味的NG品購買回家，做成下一次到市集時販售的各種烘焙品，呈現色彩之繽紛美麗，有時還遭客人質疑有沒有偷加人工色素（冤枉啊！）。當然，不是每一種顏色鮮豔的蔬果在加工後都能保留住其原本色澤，以下介紹的也不是全部天然色彩蔬果，還有很多有待大家一起開發喔！

　　在使用天然蔬果與粉類時，我習慣以應用廣泛、取得不會因為季節性而影響來源的原料為主，希望我過去充滿實驗精神的成果，能在這本書中分享基本的觀念給大家。別忘了！只要花一點心思，就能讓您的飲食生活更加「多彩多姿」，只要越多人願意使用台灣好農們的好食材，就越能讓非天然的人工色素遠離我們的周圍，讓我們一起走上「好色之途」吧！

抹茶粉 ●染出綠色

抹茶粉可以算是在艾草粉興起前唯一天然的綠色乾粉類來源，而且超市或烘焙材料行都能買到，不過也因為價差很大，品質和來源參差不齊，讓消費者相當頭痛。目前市面上抹茶粉有日本製與台灣製兩種，品質都不錯，可依個人喜好選擇，購買前記得多看一下包裝說明，成分除了抹茶粉外，如果多了「定色劑」、「食用色素」或「香料」，雖然會讓製作完成的糕點色澤非常翠綠，但是，卻也會造成非完全天然。

天然的純抹茶粉才是首選，應用在加工產品上，其顏色會比一般粉末稍微黯淡，實屬正常現象。開封後記得密封冷藏保存，保存時顏色會緩慢地褪色，屬於自然氧化現象。抹茶粉經常使用在凍飲冰點類點心，呈現出的綠色會更為鮮明，其他需要加熱過程的製品，其綠色會稍微變得比較不明亮；相對的，也是天然抹茶粉最「沉穩」的顯色特色。

紫薯粉 ●染出紫色

取自於紫心地瓜所製成，中西烘焙點心皆適用，其顯色程度非常漂亮，屬於非地瓜產季的最佳替換品，是最棒的紫色來源。其冷凍乾燥利用粉碎的保存技術，幾乎讓它比新鮮品更為顯色，也方便在非鮮品產季時取得。

當然，因為花青素豐富，沒有正確使用時，也會讓它轉變為藍灰色（轉成藍灰色時，可以添加少量檸檬汁或天然醋，讓它轉回紫紅色的狀態），尤其是在接觸到大量乳製品時更為明顯。若是使用在中式點心（例如：饅頭、芋頭酥等）或西式吐司麵包類時，紫薯粉保留原色的特質，可以說是最佳選擇；若是布丁這類水分與乳製品含量皆高的產品，請利用新鮮品蒸熟後打成泥的紫薯泥，反而比紫薯粉更能呈現出漂亮的紫色。

可可粉 ●染出棕色

可可粉必須挑選無糖的，是烘焙材料行最常見的天然粉類原料之一，原則上只要成分單純，不含其他香料或糖粉即可（含了糖粉的通常被稱為巧克力粉）。市面上的可可粉品質算讓人安心的，可可粉吸水率高，所以用在糕點中，必須注意整體水量要稍微增加一些（通常是可可粉量的1.5～2倍）才會方便操作。

無糖的純可可粉，大部分應用在西點蛋糕麵包、中式饅頭類，加熱後的顯色效果會比加熱前深許多，使用上注意份量勿太多，以免糕點太苦。

艾草粉 ●染出綠色

艾草算是早期農業社會最常用到的台灣香草植物之一，現今在郊區也還看得到它的蹤跡，但是，其生長環境是否帶有污染源就成為最大的疑慮。如果無法在專門種植的農場取得新鮮品，這一、兩年興起的艾草粉就成為最佳替代來源，一方面來源都是以契作的安心好農為主，另一方面優良的乾燥技術將艾草的風味完全保留，用在烘焙或麵點呈現顏色的明顯度甚至優於新鮮品，在烘焙材料行都可以買到，是非常方便的綠色粉類來源。

台灣特有的艾草粉風味獨特，應用在加工產品上的顯色效果非常顯著。不管是中式點心或西式麵包烘焙，記得少量使用即可，因為未加熱前顯色是非常淺的綠色，但一經過加熱後，成品就會轉為明顯的深綠色，所以勿添加太多，過量使用的艾草點心，會稍微帶淡淡的青草苦味。

南瓜粉 ●染出黃色

在台灣，南瓜是一年四季容易取得的超級優質蔬菜，不論中西料理或鹹甜糕點，色澤呈現與風味都是相當好。有些糕點並不需要太多的水分及澱粉，以免影響成品原料比例，那麼南瓜粉就是懶得計算者的最佳選擇，因為它幾乎不影響成品中的含水比例，使用起來非常方便。

南瓜粉在加熱後的顯色程度與新鮮品比較，少了明亮感，屬於比較柔和淺白的黃色，使用上可以依個人喜好決定新鮮品或粉製品。但南瓜粉有著淡淡香甜的南瓜風味，適合添加在不能使用濕性南瓜泥而必須用乾粉調色的糕點上。

竹炭粉 ●染出黑色

竹炭粉應該是不喜歡墨魚醬的味道，卻又希望成品能呈現黑金色澤的最棒替代品，使用上注意份量，只要一點點就能呈現飽和的黑色。可以依照個人喜好調整濃淡，就能做出灰色一直到深黑的多層次顏色，加熱後更顯亮澤不褪色，記得要到烘焙材料行購買才是食用級的竹炭粉，非一般除臭用竹炭，千萬別買一般竹炭自行研磨啊！

竹炭粉染色力強，先對上等量水調成濃膏狀，再加進欲染色的成品中，會比直接加乾粉來得不沾手，以免把手與指甲弄得髒兮兮，也可以先放入塑膠袋中稍微搓揉，再拿出來揉勻。

甜菜根粉 ● 染出紅色

　　艷紅的甜菜根粉用途與紅麴粉都是紅色來源，可以依個人喜好選擇。不論是充滿少女情懷的浪漫粉，一直到性感深沉的艷紅色，甜菜根都能稱職地呈現色澤，唯一讓人頭痛的就是新鮮品染色率之強，常常讓人卻步，很容易沾滿雙手與砧板，而甜菜根粉就是大大節省了這些步驟的產物，因為幾乎不影響吸水率，所以可以直接加入要調色的成品中。

　　使用在凍飲冰點類不會褪色，烘烤類的糕點其呈顯色效果也不錯，只是會稍微褪成沒有那麼亮麗的紅。蒸類或煮過的麵食（例如：饅頭或麵條），加熱後的色澤會褪得比較明顯，若在意顯色效果，則可以用紅麴粉替換。

薑黃粉 ● 染出黃色

　　又稱為鬱金粉的薑黃粉，源自於印度，是咖哩風味與香氣來源之一，近幾年，台灣越來越多好農投入這個影響價值極高的農作物上，會將新鮮品打成泥或取汁液來使用，其黃色呈現效果非常好。若有新鮮品產季問題，建議可以選擇薑黃粉，其效果完全不輸新鮮品又非常容易購買（超市或烘焙材料行皆有）。

　　由於本身風味明顯，加熱後顏色不會褪色，成品色澤反而更為鮮明，所以用量只要一點點就好。不過，建議使用在麵條或鹹食成品上，避免其強烈的風味與甜點的味道產生衝突感。

紅麴粉 ● 染出紫紅色

　　台灣特有的紅麴粉與甜菜根粉最大的不同之處，在於幾乎用在任何產品上，其呈現顏色皆比生糯更加艷紅（除了中式饅頭類，因為發酵膨脹加上蒸氣，顏色會稍微淡化），現在超市、烘焙材料行都可以買到，加上沒有傳統紅麴明顯的發酵氣味，沒有搶味的問題，屬於除了甜菜根的艷麗紫紅之外，是另一種飽和溫潤的紅色選擇。

匈牙利紅椒粉 ●染出紅色

匈牙利紅椒粉都是進口的產品，是一款顏色漂亮但非真正帶有辣味的粉末，一般用在醃漬肉品，增加煙燻風味與色澤上，其實它非常適合用在任何麵條類或麵包類的鹹味成品，可以依個人喜好調色，呈現深淺不同的橘紅色，非常迷人，超市或烘焙材料行皆可購得。加熱後會比生糰的顏色稍微變得更溫潤，淡淡的煙燻風味也不會太搶味，而且吸水率算高，少量（3g以內）使用時，不影響整體水分比例，3g建議先對上同比例水分調成膏狀，再加入欲染色的成品中。

特別值得一提的是，市面上還有另一款稱為「紅椒粉」的產品，與匈牙利紅椒粉外觀一模一樣，唯一的差別是紅椒粉會辣，匈牙利紅椒粉不會辣，但兩者顯色效果相同，選擇上沒有一定的對錯，就看您吃不吃辣了。

梔子果實 ●染出黃色

新鮮梔子花果實是原生種單瓣梔子花的果實，採收期大部分在秋、冬；乾燥梔子花果實是原生種單瓣梔子花的果實去皮乾燥而成，都是人工色素還未出來之前，台灣食品早期經常使用的天然黃色染料。就使用上，乾燥梔子果實沒有季節性問題，比較容易取得，可以在中藥行購買到，用途與新鮮梔子果實一樣。

早期的鄉間小路，清新優雅的原生種單瓣梔子花還算常見，現今因為大部分改良成重瓣，反而果實就讓人遺忘了（重瓣不結果），其實它是古早味粉粿的黃色來源（目前市面上很多商品都直接使用合成食用色素），鮮明的黃色顯色效果相當好，堪稱我最愛的天然染料第一名，而且使用在所有成品皆適合。黃色的梔子花果實染料運用在中式蒸點（例如：包子、饅頭），其黃色麵糰在蒸熟後會轉成漂亮的亮綠色，是不喜歡菜汁、艾草或抹茶等味道者，最佳的替代選擇。

蝶豆花 ●染出藍色

在飲料界帶動流行的蝶豆花，其實在東南亞一直是非常普遍的色彩魔術師，尤其以泰國的應用程度最為廣泛；現在台灣好農們也越來越多人種植，在有機商店或烘焙材料行都能買到。不可思議的迷人天藍色，幾乎令人無法招架，加了檸檬汁或天然醋後，還能轉變成漂亮的紫色來應用，加熱處理後的染料也幾乎不褪色，是自然界食材相當美好的存在。

特別叮嚀一下，蝶豆花在相關報導中，有提到孕婦不宜過量食用，不過因為用量極少，除了每天大量飲用其製成的含量較高飲品，才可能會造成不適外，其實應用在其他成品中的量都相當輕微，所以可以安心使用與食用。

斑蘭葉 ●染出綠色

又稱為香蘭葉、七葉蘭、香露兜、芳蘭葉、香林投、碧血樹，這個外觀不起眼植物，卻帶著芋頭混合著香草豆莢的香氣，在東南亞地區已經是生活飲食中不可或缺的食材，煮飯時放一葉在飯中能增添香氣，用其製成的成品總能帶著一股讓人陶醉的氣味。

目前在台灣南部地區也越來越常見到人們種植，或是在新鮮香草專賣店中可以購得新鮮香草盆栽，種植也相當容易，使用前只要將葉片加水打成汁後濾渣即可，加熱後的成品有著淡雅宜人的淺綠色，非常推薦給大家。

番茄 ●染出橘色

番茄是一款久煮也不褪色，處理過後冷凍保存就可以使用很久的蔬菜，非常適合用來呈現在橘色的成品中，使用時可依個人喜好調整其深淺，粉嫩的橘色非常討喜，加熱後的顯色效果會比生糰來得更明亮。最適合用在以麵食類或饅頭麵包為主的成品；如果使用在甜點，則需要酌量使用，以免味道衝突。

小松菜 ●染出綠色

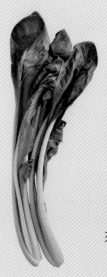

源自日本東京都江戶川區的小松川附近，又稱冬菜、鶯菜、餅菜、日本油菜，是營養價值高的鹼性蔬菜。在人人幾乎酸性體質追求酸鹼平衡的時代，小松菜這款平價的鹼性蔬菜堪稱超級蔬菜，在菜市場、超市或有機商店等都非常好取得，日常生活中可以多多攝取。加上處理過後的成品能夠呈現非常漂亮的青綠色，適合應用在各類烘焙或麵點產品中。若是害怕菠菜味的朋友，小松菜就是最佳選擇。

特別要注意，小松菜的鹼性特質在汆燙處理過程中，至少要用沸水煮1分鐘以上瀝乾後再打成泥使用，否則若添加於需要酵母（麵包饅頭類）的成品，其酵母的酸性會被小松菜的鹼性抑制，會讓麵糰發不起來，所以要特別注意；若使用在其他不加酵母的成品，則沒有此問題。

菠菜 ●染出綠色

又名菠薐、鸚鵡菜、紅根菜或飛龍，因為含有菸鹼酸，所以稍微帶澀味，但應用在成品上，則此味道就會消失，且成品的綠色明顯，是小松菜出現以前最常被應用在綠色調色的蔬菜。

菠菜的綠色，在糕點、麵包和麵條的使用機率屬於第一名，尤其在義式料理中更為常見，呈現的綠色有別於小松菜的青綠，是一種稍微帶墨綠感的淡綠色，使用上盡量是現處理現用，因為即使冷凍保存，其顏色還是會漸漸氧化，這點必須多加注意。

紅蘿蔔 ●染出淡橘色

富含 β-胡蘿蔔素的關係，這個俏皮的橘色處理方式很特別，直接炒成泥或打成汁，幾乎會讓它的橘色在成品中大量褪色，處理前記得用少量的油慢慢炒，將它的油溶性養分釋出，這樣不僅能夠讓成品的顯色更鮮明，也能降低其特有的生澀氣味。處理過後的蔬菜泥，可以冷凍保存，許久時間也不褪色，非常適合一次大量處理再分裝保存，慢慢使用。

菠菜 ●染出橘紅色

營養與色澤兼俱的紅甜椒，非常適合應用在所有麵包、饅頭類的麵點，完成後的成品色澤是溫暖的亮橘紅色，很容易讓挑食或害怕其獨特味道的小朋友，不知不覺就吃下去了。紅甜椒烘烤去皮後再處理成染料，其顯色度會比新鮮品直接使用更好，這點特色可以留意喔！

枸杞 ●染出淡黃色、深橘色

說到枸杞，一般人只會聯想到養生饅頭或麵包的中式果乾，其實它應用在其他產品的價值非常高，處理程序又簡單，處理成泥後冷凍保存也不褪色，從少量添加呈現的淡金黃色，到份量較大量時，呈現飽和的深橘色，都能夠靠枸杞完成，加熱後顯色效果極佳，鹹甜成品皆適合。在超市、中藥行都能輕易購得，而且還具有明目效果，怎麼可以讓它被冷落呢？快點使用看看吧！

Part
1
安心玩出天然色彩

還在擔心市面上色彩繽紛鮮豔、琳瑯滿目的各式加工食品，其所含的添加物和色素說明，一個都看不懂嗎？其實，很多五花八門的各式蔬果，只要處理適當，將能替換與應用在生活中許多飲食上，這個單元從內餡到天然染料，讓您掌握最基本的處理技巧，輕鬆留下這些最自然漂亮的顏色，讓您的糕點世界可以「食在好美麗、食在好健康」！

22

| 難易度：★☆☆☆☆ | 份量：約800g | 最佳保存期：冷藏3～4天 / 冷凍10天 |

南瓜泥

材料 南瓜……1000g

1 南瓜去除囊籽後去皮，切成厚度約1公分的片狀。

2 再放入蒸籠，以中大火蒸15～20分鐘到南瓜鬆軟熟透為止（用叉子能輕鬆壓下即可），待稍微降溫。

3 將南瓜放入食物調理機，攪打成泥，待完全冷卻就可以盛入容器保存。

Point 小叮嚀

- 也可以用烤箱烤熟南瓜，去籽後帶皮切片，切面朝下排入烤盤（切面朝下，多餘的水分比較容易去除），放入以220℃預熱完成的烤箱，烘烤20～25分鐘（視南瓜大小增減時間），竹籤可輕易刺穿的鬆軟程度即可取出，挖出烤熟的南瓜肉，放入食物調理機，攪打成泥即可。
- 裝盛及挖取的容器務必保持乾燥，沾了水分的容器會加速南瓜泥的酸敗速度，容器在加蓋前務必確認內餡完全冷卻才可加蓋，再放入冰箱冷藏保存。
- 東昇南瓜、栗子南瓜含水量低，澱粉質重的南瓜品種比較適合用蒸籠蒸軟的方式，其他含水量高的品種則比較適合烤箱方式。

難易度：★☆☆☆☆ | 份量：約800g | 最佳保存期：冷藏3～4天 / 冷凍60天

紅甜椒泥

| 材料 | 紅甜椒……1200g |

1 烤箱請先預熱至250℃；烤盤鋪上烘焙紙，備用。

2 將洗淨擦乾水分的紅甜椒排入烤盤，放入烤箱上層，烤到表面呈現焦黑狀態（烘烤過程中途需要取出翻面），再放進容器中，覆蓋一層保鮮膜或鋁箔紙，燜10～15分鐘，讓焦黑的外皮可以輕易去除。

3 接著放入食物調理機，攪打成泥，待完全冷卻即可裝入容器中保存。

Point 小叮嚀

- 也可以用瓦斯爐架上網架（炭火亦可），用小火直火烘烤，但必須注意安全。
- 完成的紅甜椒泥可以用濾網或棉布袋過濾出汁液，即為純紅甜椒汁液，可應用在純天然橘色染料的製作上（P.47）。

難易度：★☆☆☆☆

份量：約600g

最佳保存期：冷藏3～4天 / 冷凍60天

紅蘿蔔泥

材料
紅蘿蔔……600g
植物油……100g

Point

小叮嚀

- 植物油可以挑選大豆沙拉油、葵花油、耐高溫橄欖油等。
- 少量的油是讓天然紅蘿蔔的油溶性色素更顯色，但也不需要過量添加，以免影響其應用的食譜色彩結果。

1 紅蘿蔔去皮，以刀切或刨絲器刨成絲，放入鍋中，加入植物油，以中小火慢慢翻炒至紅蘿蔔熟軟，待稍微降溫。

2 放入食物調理機，攪打成泥，待完全冷卻即可裝入容器中保存。

難易度：★☆☆☆☆

份量：約600g

最佳保存期：冷藏2天／冷凍7天

菠菜泥

材料　菠菜……500g

Point
小叮嚀

- 同樣製程及份量，也可使用在青江菜。
- 菠菜汆燙後會吸足水分，所以完成的蔬菜泥會比較重一些。
- 綠色系的菜泥即使冷凍也會日漸褪色，建議現做現用或兩天內用完，則顏色最漂亮。
- 完成的菠菜泥可以用濾網或棉布袋過濾出汁液，即為純菠菜汁。

1 菠菜切成5公分小段，放進沸水中，汆燙20秒鐘即可撈起，放入冰水降溫到完全冷卻。

2 將汆燙熟的菠菜瀝除水分，再放入食物調理機，攪打成泥，待完全冷卻後即可裝入容器中保存。

| 難易度：★☆☆☆☆ | 份量：約800g | 最佳保存期：冷藏3天 / 冷凍10天 |

紫薯泥

材料　紫薯（紫地瓜）……1000g

1 紫薯去皮，切成厚度約1公分片狀，放入蒸籠中，以中大火蒸20～25分鐘到紫薯鬆軟熟透為止（用叉子能輕鬆壓下即可），待稍微降溫。

2 再放入食物調理機，攪打成泥，待完全冷卻後即可盛入容器中保存，譬如裝入夾鏈袋，用擀麵棍敲一敲後再擀平，放便放入冰箱保存。

Point 小叮嚀

- 也可以用烤箱烤熟紫薯，去籽後帶皮切片，切面朝下排入烤盤（切面朝下，多餘的水分比較容易去除），放入以220℃預熱完成的烤箱，烘烤20～25分鐘（視紫薯大小增減時間），竹籤可輕易刺穿的鬆軟程度即可取出，挖出烤熟的紫薯肉，放入食物調理機，攪打成泥即可。
- 裝盛及挖取的容器務必保持乾燥，沾了水分的容器會加速紫薯泥的酸敗速度，容器要加蓋前也要確認紫薯泥完全冷卻，再加蓋冷藏保存。
- 其他品種的黃肉及紅肉地瓜，都可以同樣程序製作及使用於糕點中。
- 市面上有一款新品種的紫色馬鈴薯亦可以同樣程序製作，可以替換紫薯（紫地瓜）泥上。

難易度：★☆☆☆☆

份量：約800g

最佳保存期：冷藏3～4天 / 冷凍60天

甜菜根泥

| 材 料 | 甜菜根……1000g |

Point
小叮嚀

- 完成的甜菜根泥可以用濾網或棉布袋過濾出汁液，即為純甜菜根汁液，可應用在純天然紅色染料的製作上（P.44）。

1 甜菜根去皮，切成厚度約1公分的片狀，放入蒸籠中，以中大火蒸20～25分鐘到甜菜根熟透為止（用叉子能輕鬆壓下即可），待稍微降溫。

2 再放入食物調理機，攪打成泥，待完全冷卻後即可盛入容器中保存。

難易度：★☆☆☆☆

份量：約600g

最佳保存期：冷藏2天 / 冷凍7天

小松菜泥

材料 小松菜……500g

Point 小叮嚀

- 小松菜汆燙後會吸足水分，所以完成的蔬菜泥會比較重一些。完成的小松菜泥可以用濾網或棉布袋過濾出汁液，即為純小松菜汁。
- 綠色系的菜泥即使冷凍也會日漸褪色，建議現做現用或兩天內用完，則顏色最漂亮。
- 小松菜有別於其他綠色蔬菜需要靠短時間汆燙保色，因為小松菜為強鹼性的優質蔬菜（平常可以多吃），需要1分鐘以上的時間殺青去除其鹼性，否則製作成的蔬菜泥或汁液雖然對麵條類等不含酵母的糕點沒有影響，但用在中式包子饅頭或西式吐司麵包等添加酵母（酵母是酸性的）的點心上，就會抑制酵母的作用，讓發酵過程失敗而發不起來，這點是小松菜最特殊的地方。

1 小松菜切成5公分小段，放進沸水中，汆燙1分鐘即可撈起，放入冰水降溫到完全冷卻。

2 將汆燙熟的小松菜瀝除水分，再放入食物調理機，攪打成泥，待完全冷卻後即可裝入容器中保存。

| 難易度：★☆☆☆☆ | 份量：約200g | 最佳保存期：冷藏7天 / 冷凍60天 |

番茄糊

材料 　紅色番茄……1000g

1 於番茄底部劃上十字刀紋，再放進沸水中，大火煮1～2鐘後撈起，放入冷水，然後剝除外皮，瀝乾水分後切成丁狀。

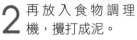

2 再放入食物調理機，攪打成泥。

3 用細篩網過濾掉番茄渣與籽，將濾出的番茄泥放入鍋中，開中火，用木勺或耐熱橡皮刮刀翻炒約1小時或直到木匙翻炒起來感覺沉重沒有水分，並且番茄糊可堆起成小山狀也不會攤開時即完成，待完全冷卻後即可裝入容器中保存。

Point 小叮嚀

- 番茄經過長時間拌炒成泥狀，會將水分稀釋，所以最後果泥會剩下不多，約原來的20%左右。
- 紅番茄品種不限制，以方便取得即可。
- 裝盛及挖取的容器務必保持乾燥，沾了水分的容器會加速番茄糊的酸敗速度，容器要加蓋前也要確認番茄糊完全冷卻後，再加蓋冷藏保存。

難易度：★☆☆☆☆

份量：約500g

最佳保存期：室溫7天 / 冷藏14天

黑糖醬汁

材料
老薑……50g
黑糖……400g
水……200g

Point
小叮嚀

- 選擇老薑所熬煮出來的醬汁，味道較濃郁。
- 裝盛及挖取的容器務必保持乾燥，沾了水分的容器會加速黑糖醬汁的酸敗速度，容器要加蓋前也要確認黑糖醬汁完全冷卻後，再加蓋冷藏保存。

1 老薑切片，將黑糖放入乾鍋中，開小火不加水，煮到底部開始融化，再用木匙或耐熱刮刀翻炒到黑糖反砂結塊。

2 接著加入水、薑片，持續以中小火煮沸，熬煮到結塊的黑糖完全融化後，持續熬煮到黑糖水有微微的濃稠感後關火，撈出薑片即完成，待完全冷卻後即可裝入容器中保存。

難易度：★☆☆☆☆

份量：約500g

最佳保存期：冷藏3～4天／冷凍60天

枸杞泥

材料
水……300g
枸杞（乾燥）……300g

Point
小叮嚀

● 完成的枸杞泥可以用濾網
  或棉布袋過濾出汁液，即
  為純枸杞汁液，可應用在
  純天然黃色染料的製作上
  （P.46）。

1 水放入鍋中，以大
火煮沸後關火，放
涼；枸杞泡入放涼
的水中，浸泡10～
15分鐘到枸杞吸飽
水分，備用。

2 枸杞連同水一起倒入食物調理機，攪打成
泥，待完全冷卻後即可裝入容器中保存。

難易度：★☆☆☆☆	份量：約800g	最佳保存期：冷藏3～4天 / 冷凍10天

芋頭泥

材料
芋頭（去皮）……800g
細砂糖……100g
無鹽奶油……50g

1 芋頭去皮，切成厚度約1公分片狀，放入蒸籠，以中大火蒸20～25分鐘到芋頭鬆軟熟透為止（用叉子能輕鬆壓下即可），待稍微降溫。

 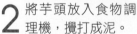   

2 將芋頭放入食物調理機，攪打成泥。

3 再放入平底鍋，將細砂糖、無鹽奶油放入鍋中，用中小火翻炒10～15分鐘至糖、油完全與芋泥融合，待完全冷卻就可以盛入容器保存。

Point
小叮嚀

● 無鹽奶油能增添奶香，也可以換成植物油。
● 食物調理機可以換成果汁機、冰沙機。
● 裝盛及挖取的容器務必保持乾燥，沾了水分的容器會加速芋頭泥的酸敗速度，並確認芋頭泥完全冷卻，才能蓋上瓶蓋，並放入冰箱冷藏保存。

難易度：★★☆☆☆ ｜ 份量：約1000g ｜ 最佳保存期：冷藏10天／冷凍30天

白豆沙

材料

白鳳豆……600g
水……2000g
細砂糖……240g
透明水麥芽……60g

1 白鳳豆洗淨後浸泡在水中至膨脹，夏天浸泡6～8小時，冬天浸泡12～16小時。

2 將白鳳豆連同浸泡的水分一起放入鍋中，開大火煮滾，再轉小火煮約45分鐘，直到白鳳豆煮到鬆軟熟透，手指輕壓即鬆化的程度。將細篩網連同白鳳豆架在一個大的調理盆上，然後放置在細水流動的水龍頭下，邊將白鳳豆壓入篩網並去掉粗殼渣。

3 篩過的白豆沙連同水分一起放在調理盆靜置，待白豆沙完全沉澱在底部後，重複做法2一次，將第二次完全沉澱的白豆沙利用棉布袋或細紗布袋過濾，並擰乾水分。

   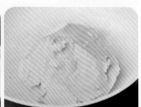

4 將擰乾水分的白豆沙連同細砂糖一起倒入鍋中，開小火，並用木匙或耐熱刮刀翻炒至細砂糖完全融化後，加入水麥芽，繼續翻炒約25～30分鐘，直到木匙翻炒起來感覺沉重沒有水分，白豆沙可以堆起成小山狀也不會攤開時即可關火，冷卻後即可裝入容器中保存。

難易度：★★☆☆☆ | 份量：約1200g | 最佳保存期：冷藏14天 / 冷凍45天

紅豆餡

材料

紅豆……600g 無鹽奶油……120g
水……1200g 鹽……1g
細砂糖……240g

1 紅豆洗淨後浸泡在水中至膨脹，夏天浸泡6～8小時，冬天浸泡12～16小時，然後用濾網濾除水分。

2 用電鍋（電鍋外鍋倒入2杯水）將紅豆蒸到鬆軟熟透，手指輕壓即鬆化的程度。

3 趁熱加入所有細砂糖、無鹽奶油，充分拌勻直到糖、奶油完全融化，感覺水分稍稍收乾的狀態，加入鹽拌勻，待完全放涼後即可裝入容器保存。

Point 小叮嚀

- 無鹽奶油可以增添奶香，也能換成植物油。
- 這個配方與傳統紅豆餡相比，已為減糖配方，希望再降低甜度者，可以海藻糖取代即可。
- 同等比例及製程可以應用在綠豆餡、去殼綠豆仁餡、花豆、大豆及黑豆餡上，以上內餡都能替換應用在使用紅豆內餡的點心中。
- 裝盛及挖取的容器務必保持乾燥，沾了水分的容器會加速紅豆餡的酸敗速度，容器要加蓋前也要確認紅豆餡完全冷卻後，再加蓋冷藏保存。

難易度：★★★★★ | 份量：約1000g | 最佳保存期：冷藏10天 / 冷凍30天

紅豆沙

Point 小叮嚀

- 這個配方與傳統紅豆沙相比，已為減糖配方，希望再降低甜度者，可以海藻糖取代即可。
- 裝盛及挖取的容器務必保持乾燥，沾了水分的容器會加速紅豆沙的酸敗速度，容器要加蓋前也要確認紅豆沙完全冷卻後，再加蓋冷藏保存。

材料　紅豆……600g
　　　水……2000g
　　　細砂糖……240g
　　　透明水麥芽……60g

1 紅豆洗淨後浸泡在水中至膨脹，夏天浸泡
6～8小時，冬天浸泡12～16小時。

2 將紅豆連同浸泡的水分一起放入鍋中，開大火煮滾，再轉小火煮約45分鐘，直到紅豆煮到鬆
軟熟透，手指輕壓即鬆化的程度。將細篩網連同紅豆架在一個大的調理盆上，然後放置在細水
流動的水龍頭下，邊將紅豆壓入篩網並去掉粗殼渣。

3 篩過的紅豆沙連同水分一起放在調理盆靜
置，待紅豆沙完全沉澱在底部後，重複做法
2一次，將第二次完全沉澱的紅豆沙利用棉
布袋或細紗布袋過濾，並擰乾水分。

4 將擰乾水分的紅豆沙連同細砂糖一起倒入鍋中，開小火，並用木匙或耐熱刮刀翻炒至細砂糖完
全融化後，加入水麥芽，繼續翻炒約25～30分鐘，直到木匙翻炒起來感覺沉重沒有水分，紅
豆沙可以堆起成小山狀也不會攤開時即可關火，冷卻後即可裝入容器中保存。

難易度：★☆☆☆☆

份量：100～120g

最佳保存期：冷藏90天

紅色染料

 材料　純甜菜根汁液……500g（P.30）
細砂糖……50g

Point
小叮嚀

- 另一個紅色染料配方為水50g、紅麴粉50g、
  細砂糖50g。水與紅麴粉拌勻後，以中小火
  煮沸，再加入細砂糖，以小火煮沸後即可關
  火，待完全冷卻後裝入容器或滴瓶中，並冷
  藏保存即可。

1 純甜菜根汁液與細砂糖一起放入鍋中，用小火煮沸後，持續煮25～30
分鐘到汁液呈現濃稠發亮的狀態（大約剩下100～120g），關火。

2 待完全冷卻後裝入容器或
滴瓶中，方便冷藏保存。

難易度：★☆☆☆☆

份量：100～120g

最佳保存期：冷藏60天

黃色染料（枸杞汁液）

材料	純枸杞汁液……100g（P.35） 細砂糖……50g

Point
小叮嚀

- 裝盛及挖取的容器務必保持乾燥，沾了水分的容器會加速汁液酸敗速度，容器要加蓋前也要確認完全冷卻後，再加蓋冷藏保存。

1 純枸杞汁液與細砂糖一起放入鍋中，用小火煮沸。

2 持續煮5分鐘到汁液呈現濃稠發亮的狀態（大約剩下100～120g），關火，待完全冷卻後裝入容器或滴瓶中，方便冷藏保存。

難易度：★☆☆☆☆

份量：100～120g

最佳保存期：冷藏90天

黃色染料（梔子果實）

材料
梔子果實……20g
細砂糖……50g
水……500g

Point 小叮嚀

● 梔子果實可以用新鮮或乾燥品，方便取得即可。

1 梔子果實、細砂糖與水一起放入鍋中，用小火煮沸。

2 持續煮25～30分鐘到汁液呈現濃稠發亮的狀態（大約剩下100～120g），關火，用濾網過濾出梔子果實，待完全冷卻後裝入容器或滴瓶中，方便冷藏保存。

難易度：★☆☆☆☆

份量：100～120g

最佳保存期：冷藏60天

橘色染料

| 材料 | 純紅甜椒汁液……100g（P.25）
細砂糖……50g |

Point
小叮嚀

● 裝盛及挖取的容器務必保持乾燥，沾了水分的容器會加速汁液酸敗速度，容器要加蓋前也要確認完全冷卻後，再加蓋冷藏保存。

1 純紅甜椒汁液與細砂糖一起放入鍋中，用小火煮沸。

2 持續煮3～5分鐘到汁液呈現濃稠發亮的狀態（大約剩下100～120g），關火，待完全冷卻後裝入容器或滴瓶中，方便冷藏保存。

難易度：★☆☆☆☆

份量：100～120g

最佳保存期：冷藏90天

綠色染料

材料

水……100g
艾草粉……20g
細砂糖……50g

Point
小叮嚀

● 抹茶粉容易在加熱過程中氧化而褪色，含抹茶成分的糕點，則顏色會顯較沉穩的綠，所以不適合取代同樣有翠綠效果的艾草粉。

  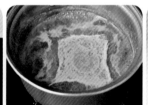 

1 水、艾草粉倒入湯鍋，用打蛋器攪散，以中小火加熱至沸騰，立刻關火，待稍微降溫，以細紗布袋（或咖啡濾紙）過濾一次。

2 濾出的艾草汁倒入另一個湯鍋，再次煮滾，加入細砂糖，以中小火加熱至沸騰，繼續煮3～5分鐘到艾草汁呈現濃稠發亮的狀態（大約剩下100～120g），關火，待完全冷卻就可以盛入容器保存。

難易度：★☆☆☆☆

份量：100～120g

最佳保存期：冷藏90天

藍色染料

材料	乾燥蝶豆花……10g 水……500g 細砂糖……50g

Point
小叮嚀

● 天然蝶豆花所製成的藍色染料，不適用在需要加檸檬汁的點心上，會因為天然的化學反應轉變成紫色。

1 乾燥蝶豆花與水一起放入鍋中，用小火煮沸。

2 加入細砂糖，持續煮25～30分鐘到汁液呈現濃稠發亮的狀態（大約剩下100～120g），關火，用濾網過濾出蝶豆花，待完全冷卻後裝入容器或滴瓶中，方便冷藏保存。

難易度：★☆☆☆☆

份量：100～120g

最佳保存期：冷藏30天

紫色染料

材料
水……100g
紫薯粉……50g
細砂糖……50g

Point
小叮嚀

- 為了讓染料更清澈，建議煮好的汁液能過濾，以去除雜質或殘留的顆粒。
- 台灣土生土長的紫心地瓜是烘焙產品最佳的紫色來源，冷凍乾燥再粉碎的保存技術上，幾乎讓它比新鮮品更顯色，也更方便在非產季時使用。

1 水、紫薯粉倒入湯鍋，用打蛋器攪散，以中小火加熱至沸騰，加入細砂糖。

2 以中小火加熱至沸騰，繼續煮3～5分鐘到紫薯汁呈現濃稠發亮的狀態（大約剩下100～120g），關火，待完全冷卻就可以盛入容器保存。

難易度：★☆☆☆☆

份量：100～120g

最佳保存期：冷藏90天

棕色染料

材料
水……100g
可可粉……50g
細砂糖……50g

Point
小叮嚀

● 裝盛及挖取的容器務必保持乾燥，沾了水分的容器會加速汁液酸敗速度，容器要加蓋前也要確認完全冷卻後，再加蓋冷藏保存。

1 水、可可粉倒入鍋中，用打蛋器攪散，以中小火加熱至沸騰，加入細砂糖。

2 以中小火加熱至沸騰，繼續煮3～5分鐘到汁液呈現濃稠發亮的狀態（大約剩下100～120g），關火，待完全冷卻就可以盛入容器保存。

難易度：★☆☆☆☆

份量：100～120g

最佳保存期：冷藏90天

黑色染料

材料
水……50g
竹炭粉……50g
細砂糖……50g

Point 小叮嚀

- 裝盛及挖取的容器務必保持乾燥，沾了水分的容器會加速汁液酸敗速度，容器要加蓋前也要確認完全冷卻後，再加蓋冷藏保存。

1 水、竹炭粉倒入鍋中，用打蛋器攪散，以中小火加熱至沸騰，加入細砂糖。

2 以中小火加熱至沸騰，繼續煮3～5分鐘到汁液呈現濃稠發亮的狀態（大約剩下100～120g），關火，待完全冷卻就可以盛入容器保存。

暖心迷人烘焙點心

　　烘焙點心不再像以往的重點僅是「烤出誘人金黃色澤」而已，這裡要您跳脫這個觀念，從蛋糕點心到麵包類，可以保留住利用天然色料創造出來的色彩，而不會因為烘烤過程中流失其色澤，甚至告訴大家「鹹味」的舒芙蕾也真的很美味！只要多加一點點巧思，就能使這些糕點變得與眾不同，而且周圍親友看到，都忍不住要驚訝連連！

彩色貝殼瑪德蓮蛋糕

材料

A 麵糊
低筋麵粉……120g
細砂糖……60g
全蛋……2個
乾酵母……3g
牛奶……25g
無鹽奶油（融化）……60g

B 其他
紅色染料……2g（P.44）
藍色染料……2g（P.49）
無鹽奶油……少許

綠色染料 ─── ───紅色染料
───原色

【基本準備】

1 烤箱請先預熱至180℃；低筋麵粉過篩；無鹽奶油放室溫軟化，備用。

2 先在瑪德蓮模具內側，抹上薄薄一層材料B無鹽奶油防沾。

【玩出顏色】

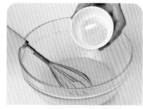   

3 細砂糖、全蛋放入調理盆，一起用打蛋器攪打均勻（不需要打發），拌入乾酵母、過篩的低筋麵粉，混合拌勻，倒入牛奶及融化的無鹽奶油，攪拌均勻即為原色麵糊。

4 將原色麵糊分成3份（每份約120g），分別加入紅色染料、藍色染料，混合拌勻，然後裝進中號拋棄式擠花袋中，在尖端剪出約0.5公分的開口，將三袋裝進一個大的拋棄式擠花袋中，剪出約1公分的開口。

【烘烤】

5 將完成的麵糊填入模具至九分滿，放入烤箱，靠近上層的位置，烘烤10～12分鐘，中心呈現凸出稍微裂開即可取出。

Point

小叮嚀

● 瑪德蓮烘烤上色外，一定要烤到中間有凸出裂開才行。
● 瑪德蓮的麵糊可以在前一天先製作好冷藏，隔天再烘烤，所以非常適合預先做起來，客人來臨前再放入烤箱烘烤，然後享受剛出爐的瑪德蓮。

| 難易度：★☆☆☆☆ | 份量：直徑7×高4公分烤模8杯 | 最佳賞味期：現做現吃 / 冷藏2天 |

好多花青素烤布丁

材料
全蛋……4個
紫薯泥……100g（P.29）
細砂糖……60g
牛奶……400g

紫薯泥

【基本準備】

1 烤箱請先預熱至150℃，備用。

2 蛋、紫薯泥、細砂糖、牛奶一起放入調理盆，用打蛋器攪打均勻（不需要起泡），用細篩網過濾兩次，再平均倒入烤模中。

【入模烘烤】

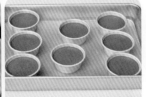

3 將裝了布丁液的烤模放在有深度的烤盤，烤盤內倒入約1公分高的熱水，小心放入烤箱，烘烤約1小時，取出放涼。

4 待稍微降溫後直接以湯匙挖取食用，或是完全冷卻後冷藏，再用拇指稍微按壓使脫模，就可以扣出。

Point
小叮嚀

● 紫薯泥可以紅薯泥、南瓜泥或紅蘿蔔泥等根莖類熟泥替換。

難易度：★★★★★	份量：20支/長32×寬24×高2公分深烤盤1份	最佳賞味期：常溫2天 / 冷藏4天

假裝是棒棒糖戚風蛋糕捲

材料

A 蛋糕體
蛋黃……75g（5個）
沙拉油……40g
細砂糖……45g
蛋白……150g（5個）

B 染料
低筋麵粉……100g
小松菜泥……25g（P.31）
南瓜泥……25g（P.23）

C 夾餡
熱開水……5g
糖粉……15g
無鹽奶油……80g
鹽……1g

D 其他
冰棒木棍（或寬板木製咖啡攪棒）……20支
長×寬12公分透明包裝袋……20個
緞帶……20條

小松菜泥

南瓜泥

【基本準備】

1 烤箱請先預熱至190℃；烤盤鋪上白報紙；無鹽奶油放室溫軟化，備用。

2 材料B低筋麵粉過篩，再分成兩份；材料C熱開水與糖粉混合拌勻成為糖漿放涼，備用。

做法接續下一頁 →

3 蛋黃、沙拉油放入調理盆，以打蛋器充分混合均勻後，再分成兩份（每份約52g），1份加入小松菜泥拌勻、另一份加入南瓜泥拌勻成為兩色麵糊。

4 各別將材料B的50g低筋麵粉加入蔬菜蛋黃糊中（小松菜泥、南瓜泥），用打蛋器輕輕拌勻至看不見麵粉。

5 蛋白放入調理盆，細砂糖分2~3次加入，以電動打蛋器將蛋白打至九分發（打蛋器提起時上面的蛋白尖端成硬挺，但微微彎曲下垂狀態)。將蛋白分成兩份（每份約95g)，分2~3次拌入做法4蔬菜麵糊中，完成綠色麵糊、黃色麵糊。

6 將做法5綠色麵糊、黃色麵糊分別裝進拋棄式擠花袋，尖端剪出約1公分寬的口，以同一方向斜對角的方式，在烤盤中依序擠出黃、綠、黃、綠間隔的粗麵糊線條，直到鋪滿烤盤。

【烘烤】

7 再放入烤箱，烘烤18～20鐘後取出，立刻脫出烤盤，將蛋糕放在網架上，撕去四周的白報紙，放涼備用。

8 蓋上1張新的白報紙（讓底部那面朝下)，翻面，撕除白報紙，再蓋上1張新的白報紙，翻面備用。

【製作內餡】

9 無鹽奶油與鹽用打蛋器稍微打發至變白後，邊攪打邊緩緩加入糖漿，拌到完全均勻即為蛋糕夾餡備用。

做法接續下一頁 ➡

Point
小叮嚀

- 務必使用白報紙，戚風蛋糕體才有附著力，用烘焙紙會讓戚風蛋糕體內縮而變形。
- 沙拉油可以選擇大豆油或芥花油等較無味道的蔬菜油，橄欖油或其他堅果類油因為風味過於強烈，會影響成品風味，所以不建議使用。

【夾餡包捲】

10 將內餡均勻抹在蛋糕體，從蛋糕體較長的那一側做起端，輕輕劃上兩刀以輔助捲起成形。拉起底部白報紙，將蛋糕體由下往前捲起，捲到末端時稍微推擠一下，讓收尾紮實，然後接口朝下用墊底的白報紙包起來並固定，扭緊兩端的白報紙，放入冰箱冷藏15～20分鐘定型備用。

11 取出定型的蛋糕捲，拿掉白報紙，以利刀將兩端較不平整的部分各修去約0.5公分後，將蛋糕捲切成厚度1.5公分的蛋糕片。

【包裝】

12 在蛋糕片接口處插入冰棒木棍（或寬板木製咖啡攪棒），再套進透明包裝袋，以緞帶將袋口綁緊，棒棒糖戚風蛋糕捲就完成了。

難易度：★★★　　份量：直徑約6公分蛋糕紙模5杯　　最佳賞味期：冷藏4天

不是霜淇淋杯子蛋糕

材料	A 蛋糕體	B 奶油霜
	低筋麵粉……100g	無鹽奶油……100g
	無鹽奶油……100g	糖粉……100g
	細砂糖……60g	牛奶……20g
	全蛋……2個	鹽……少許（0.5g）
	鹽……少許（0.5g）	黃色染料（梔子果實）……2g（P.46）
	天然香草精……1～2滴	藍色染料……（P.49）
	抹茶粉……2g	紅色染料……2g（P.44）
	紅色染料……3g（P.44）	
	紫色染料……3g（P.50）	

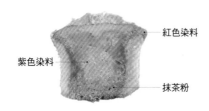

紅色染料

紫色染料

抹茶粉

藍色染料

黃色染料

紅色染料

【基本準備】

1　烤箱請先預熱至180℃；
低筋麵粉過篩；無鹽奶油
放室溫軟化，備用。

Point
小叮嚀

● 個人是選用三能六齒花嘴（SN7582）操作，顏色可以隨個人喜好挑選，以上配色示
範給大家參考喔！

【製作蛋糕體】

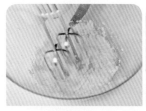   

2 **製作蛋糕體：**將無鹽奶油、細砂糖一起放入有深度的調理盆，先以電動打蛋器慢速將奶油與細砂糖混合到看不見細砂糖，加入過篩低筋麵粉，繼續攪打3分鐘至幾乎看不見麵粉為止。

3 一次加1個全蛋，將全蛋慢慢與奶油糊攪打均勻（每次都要攪打到蛋汁完全被吸收了後，再加下一個全蛋），加入鹽、天然香草精，拌勻後即為香草口味麵糊。

【玩出顏色】

4 將麵糊分為4份（每份約90g），取1份拌入抹茶粉、1份拌入紅色染料、1份拌入紫色染料料，成為4種不同顏色的麵糊。

   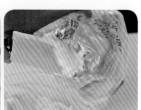

5 接著將四色麵糊各別裝進拋棄式擠花袋中，尖端剪一個小洞。

做法接續下一頁 ➔

【入模烘烤】

6 先取原色麵糊，擠進杯模中，再換第二個顏色的麵糊（紅色），深入第一色麵糊中，以擠花袋的口幾乎碰到杯底的程度，擠完第二色，然後用同樣的方式將第三（綠色）、第四色（紫色）全部填擠完畢，再排入烤盤，放入烤箱，烘烤15～18分鐘，取出後放涼備用。

【製作奶油霜】

7 無鹽奶油與糖粉放入調理盆，用打蛋器稍微打至變白且蓬鬆後，邊攪打邊緩緩加入牛奶、鹽，然後分成3份（每份約70g），1份拌入藍色染料、1份拌入黃色染料、1份拌入紅色染料，拌勻即為奶油霜。

8 將三色奶油霜分別裝入中號拋棄式擠花袋中，尖端剪0.5公分的開口備用。

【擠奶油霜】

9 取較大拋棄式擠花袋,裝上底座及六齒花嘴(SN7582),然後將裝奶油霜的三個中號擠花袋裝入,以旋轉的方式擠在完全放涼的杯子蛋糕上即完成。

Point
小叮嚀

- 奶油霜的顏色可以隨個人喜好挑選染料做變化,單色或多色組合都沒有問題。
- 杯子蛋糕糊中可以加入少許烤過的堅果碎,增加口感與風味。
- 杯子蛋糕糊的顏色可以隨個人喜好做變化,更換其他染料即可。
- 務必等杯子蛋糕體完全冷卻,才能擠上奶油霜,不然會融化而變成奶油糊。

難易度：★★★★☆ | 份量：12個 | 最佳賞味期：常溫2天 / 冷凍21天

小雞啾一下迷你餐包

材料

A 麵糊
高筋麵粉……210g
低筋麵粉……50g
奶粉……10g
乾酵母……2.5g
細砂糖……25g

全蛋……20g
南瓜泥……75g（P.23）
水……75g
無鹽奶油……25g
鹽……1.5g

B 染料
黑色染料……2g（P.52）
紅麴粉……5g

紅麴粉
黑色染料
南瓜泥
紅麴粉

【基本準備】

1 烤箱請先預熱至140℃；
烤盤鋪上烘焙紙，備用。

【製作麵糰】

2 **製作麵糰：**材料A無鹽奶油、鹽之外的所有材料一起放入調理盆，
慢慢攪拌並揉合至均勻後（麵糰不需要拉出薄膜），加入無鹽奶
油、鹽，繼續揉合至麵糰呈現光滑狀，撕下一小塊麵糰將其攤開，
可形成透光的光滑薄膜即可。

做法接續下一頁 →

【玩出顏色】

3　從全部麵糰切出10g×1份、55g×1份。10g麵糰與2g黑色染料揉合均勻，55g麵糰與5g紅麴粉揉合均勻，然後將所有麵糰蓋上保鮮膜，進行基本發酵1小時（約脹至原來2倍大）。

【組合】

 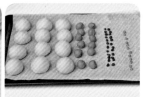

4　剩下的黃色麵糰分成35g×12份，輕拍壓出空氣後重新滾圓，進行中間發酵15～20分鐘。將12g黑色麵糰分成0.5g×24份，搓圓；60g紅色麵糰分成4g×12份，搓成橢圓形，剩下的紅色麵糰分為1g×12個，搓成圓球，備用。

5　取4g紅色麵糰，輕捏扁一側後沾點水黏在黃色麵糰上為雞冠，取12個2g麵糰輕壓扁後對折（像超迷你的割包形狀）成為小雞的嘴巴，沾點水黏在黃色麵糰上，備用。

6 取黑色小麵糰黏上做為眼睛，沾點水黏在黃色麵糰上，將組合完成的
麵糰蓋上保鮮膜，進行最後發酵1小時（約脹至原來1.5倍大）。

【烘烤】

7 用刀子將發酵完成小雞餐包紅冠部分輕壓出
兩道凹痕，做出雞冠的山形，然後放入烤
箱，烘烤15～18分鐘至上色且熟，即為黃色
小雞餐包。

Point
小叮嚀

- 在最後烘烤的5分鐘可以觀察一下，
  若麵包表面已經上色，可以覆蓋1張
  鋁箔紙繼續烤，能避免顏色太深。
- 麵包類忌諱冷藏保存，會讓澱粉老
  化更快，冷凍過的麵包類表面噴少
  許水分，放入烤箱，以150℃加熱
  10～15分鐘，或直接以電鍋蒸5分鐘
  即可（不需等待解凍）。

難易度：★★★★☆ | 份量：1個 | 最佳賞味期：現做現吃 / 冷凍21天

心花朵朵開手撕麵包

材料

A 麵糰
高筋麵粉……210g
低筋麵粉……50g
奶粉……10g
乾酵母……2.5g
細砂糖……20g
水……150g
原味優格……20g
無鹽奶油……25g
鹽……3g

B 染料
藍色染料……2g（P.49）
紫色染料……2g（P.50）
紅色染料……2g（P.44）
橘色染料……2g（P.47）
黃色染料（梔子果實）……2g（P.46）
綠色染料……2g（P.48）

藍色染料
綠色染料
橘色染料
黃色染料（梔子果實）
紅色染料
紫色染料

【基本準備】

1 烤箱請先預熱至150℃；
烤盤鋪上烘焙紙，備用。

【製作麵糰】

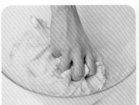

2 **製作麵糰：**材料A無鹽奶油、鹽之外的所有材料一起放入調理盆，慢慢攪拌並揉合至均勻後（麵糰不需要拉出薄膜），加入無鹽奶油、鹽，繼續揉合至麵糰呈現光滑狀，撕下一小塊麵糰將其攤開，可形成透光的光滑薄膜即可。

做法接續下一頁 →

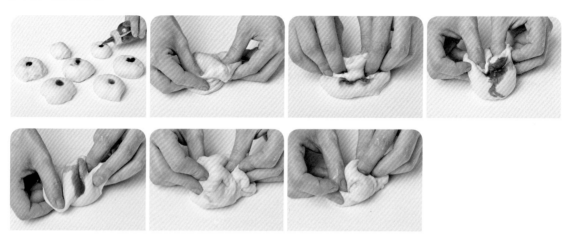

3 將麵糰分成80g×5份、45g×2份，然後將80g×5份麵糰各別加入藍色染料、紫色染料、紅色染料、橘色染料、黃色染料，持續揉合成為光滑的五色麵糰。取1份45g麵糰加入綠色染料，揉合成為光滑的綠色麵糰，另一份45g麵糰則保留原色即可。

4 所有麵糰蓋上保鮮膜，進行基本發酵1小時（約脹至原來2倍大）。

5 將基本發酵完成的7種麵糰各別均分為五等分（80g每色分為16g×5份、45g原色麵糰分為9g×5份、綠色麵糰分為4.5g×10份），輕拍壓出空氣重新滾圓，進行中間發酵15～20分鐘。

Point
小叮嚀

● 手撕麵包含水量高，麵糰非常柔軟，即使沒有電動攪拌器，靠手揉也不費力就能做到喔！
● 在最後烘烤的5分鐘可以觀察一下，若麵包表面已經上色，可覆蓋一張鋁箔紙繼續烤，能避免顏色太深。

【組合】

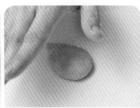

6 取其中一份16g×5份橘色麵糰，搓成較頓的水滴狀後，稍微輕拍壓扁成花瓣狀，然後取一份9g原色麵糰滾圓做為花芯，將花瓣沾水後繞著花心接黏一圈成為第一朵花。其他顏色的相關麵糰以同樣方式處理完畢，將完成的五色花朵麵糰排在鋪了烘焙紙的烤盤上，圍繞成一圈。

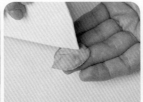

7 將綠色4.5g×10份的麵糰分別搓成較尖的水滴狀，再壓扁成葉片狀，然後沾點水，在花朵旁各黏上兩片綠葉狀麵糰，蓋上保鮮膜，進行最後發酵1小時（約脹至原來1.5倍大）。

【烘烤】

8 麵糰放入烤箱前，用稍微沾水的尖刀刀背在花朵壓出1痕、葉片上輕壓出葉脈，再放入烤箱，先放中間層，烘烤15分鐘，再移至下層續烤10～15分鐘後取出即完成。

Point
小叮嚀

● 麵包類忌諱冷藏保存，會讓澱粉老化更快，冷凍過的麵包類表面噴少許水分，放入烤箱，以150℃加熱10～15分鐘，或直接以電鍋蒸5分鐘即可（不需等待解凍）。

難易度：★★★★★ | 份量：5個 | 最佳賞味期：常溫2天／冷凍21天

熊熊咬一口漢堡麵包

材料

A 麵糰
高筋麵粉……135g
水……75g
細砂糖……30g
乾酵母……1g
全蛋……15g
奶粉……12g
無鹽奶油……15g
鹽……1.5g

B 染料
可可粉……15g
水……15g

C 染料
竹炭粉……1g
水……2g

可可粉　竹炭粉

【基本準備】

1　烤箱請先預熱至140℃；烤盤鋪上烘焙紙，備用。

2　可可粉過篩後與材料B水拌勻，分成28g、2g；竹炭粉過篩後與材料C水拌勻，備用。

【製作麵糰】

3　**製作麵糰**：材料A無鹽奶油、鹽之外的所有材料一起放入調理盆，慢慢攪拌並揉合至均勻後（麵糰不需要拉出薄膜），加入無鹽奶油、鹽，繼續揉合至麵糰呈現光滑狀，撕下一小塊麵糰將其攤開，可形成透光的光滑薄膜原色麵糰即可。

做法接續下一頁 ➡

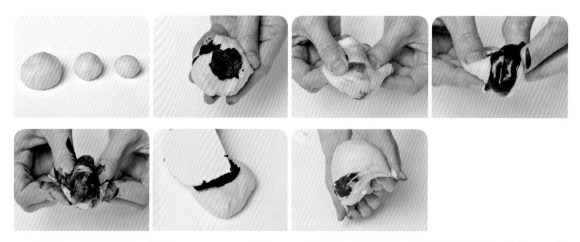

4 取出41g原色麵糰，分成28g、7g、6g三份。28g麵糰與2g可可糊，揉合均勻為淺咖啡色；7g麵糰與3g竹炭糊，揉合均勻；6g麵糰保留原色；剩下的麵糰（約243g），加入剩下28g可可糊，繼續攪拌揉至麵糰均勻且呈現光滑狀為深咖啡色，備用。

5 將所有麵糰蓋上保鮮膜，進行基本發酵1小時（約脹至原來2倍大）。

【組合】

6 將深咖啡色麵糰按以下重量分成小麵糰：50g×5份（頭部）、2g×10份（外耳），多的平均分配或做為正常損耗量即可，分別滾圓備用。

7 將30g淺色咖啡色麵糰分成：2g×10份（內耳）搓圓後壓扁成圓片狀，剩下部分（10g）搓成10公分長度，再分成10段做成短柱狀（眉毛）。

8 將10g黑色麵糰分成：取0.5g×10份搓成小圓，稍微壓平呈圓點狀備用（眼睛），取0.8g×5份捏成三角形，再壓成片狀的三角形（鼻子），最後剩下1g則搓成長10公分極細長條，切成10段做為熊的人中與嘴巴。

9 將6g原色麵糰分成：1.2g×5份，搓成橢圓形，壓平呈片狀的橢圓形。

10 每個外耳包疊一個內耳，下端互相捏合做出耳朵狀，然後取兩個耳朵組合在頭部上方。

做法接續下一頁 ➡

Point
小叮嚀

- 在最後烘烤的5分鐘可以觀察一下，若麵包表面已經上色，可覆蓋一張鋁箔紙續烤，避免顏色太深。
- 將完成的漢堡麵包橫剖，可以夾入漢堡肉、煎蛋、起司、番茄與洋蔥等喜歡的生菜，就是幸福的漢堡囉！
- 麵包類忌諱冷藏保存，會讓澱粉老化更快，冷凍過的麵包類表面噴少許水分，放入烤箱，以150℃加熱10～15分鐘，或直接以電鍋蒸5分鐘即可（不需等待解凍）。

11 取一個原色橢圓麵糰,沾上少許水,黏在頭部中下方處,再取兩個眼睛,沾水後黏上,然後依序將眉毛、鼻頭、人中、嘴巴用攝子協助黏上。

12 將組合完成後的熊麵糰,蓋上保鮮膜,排入烤盤,進行最後發酵1小時(約脹至原來1.5倍大)。

【烘烤】

13 將發酵完成的熊麵糰放入烤箱,烘烤20～25分鐘上色且熟,取出即可放涼食用。

雙色螺旋迷宮吐司

<table>
<tr><td rowspan="8">材料</td><td>A 紫色麵糰</td><td>B 黃色麵糰</td></tr>
<tr><td>高筋麵粉……150g</td><td>高筋麵粉……150g</td></tr>
<tr><td>細砂糖……15g</td><td>細砂糖……15g</td></tr>
<tr><td>乾酵母……1.5g</td><td>乾酵母……1.5g</td></tr>
<tr><td>紫薯泥……40g（P.29）</td><td>南瓜泥……40g（P.23）</td></tr>
<tr><td>水……60g</td><td>水……60g</td></tr>
<tr><td>無鹽奶油……15g</td><td>無鹽奶油……15g</td></tr>
<tr><td>鹽……1.5g</td><td>鹽……1.5g</td></tr>
</table>

紫薯泥 —— 南瓜泥

【基本準備】

1 烤箱請先預熱至210℃備用。

【玩出顏色】

2 **製作紫色麵糰**：材料A無鹽奶油、鹽之外的所有材料一起放入調理盆，慢慢攪拌並揉合至均勻後（麵糰不需要拉出薄膜），加入鹽、無鹽奶油，繼續揉勻成光滑不黏手的麵糰，撕下一小塊麵糰並攤開，可形成透光的光滑薄膜，蓋上保鮮膜，進行基本發酵1小時（約脹至原來2倍大）。

【玩出顏色】

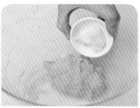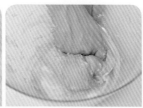

3 **製作黃色麵糰：**材料B無鹽奶油、鹽之外的所有材料一起放入調理盆，慢慢攪拌並揉合至均勻後（麵糰不需要拉出薄膜），加入鹽、無鹽奶油，繼續揉勻成光滑不黏手的麵糰，撕下一小塊麵糰並攤開，可形成透光的光滑薄膜，蓋上保鮮膜，進行基本發酵1小時（約脹至原來2倍大）。

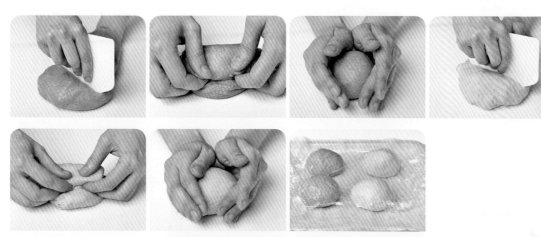

4 將基本發酵完成的紫色麵糰分成兩份、黃色麵糰分成兩份，分別滾圓，蓋上保鮮膜，進行中間發酵15～20分鐘。

做法接續下一頁 ➔

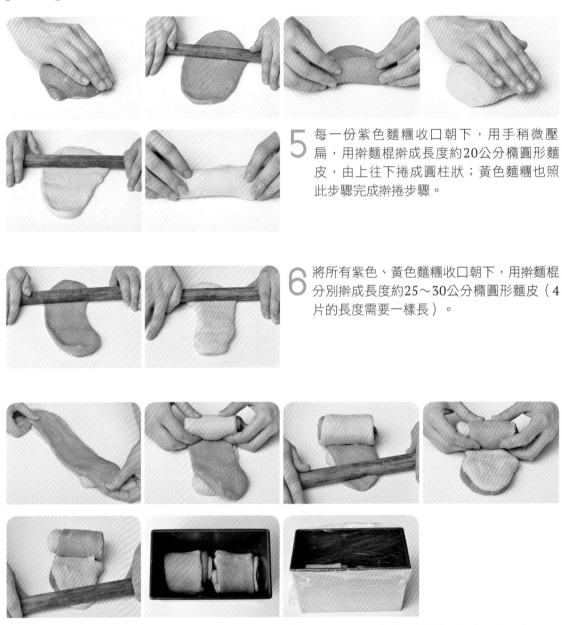

5 每一份紫色麵糰收口朝下,用手稍微壓
扁,用擀麵棍擀成長度約20公分橢圓形麵
皮,由上往下捲成圓柱狀;黃色麵糰也照
此步驟完成擀捲步驟。

6 將所有紫色、黃色麵糰收口朝下,用擀麵棍
分別擀成長度約25~30公分橢圓形麵皮(4
片的長度需要一樣長)。

7 取1片紫色麵皮疊於1片黃色麵皮上,由下往上捲至收尾處,用擀麵棍將尾端麵皮擀薄,收口方
便黏合,捲成圓柱狀;取另1片黃色麵皮疊於另1片紫色麵皮上,由下往上捲至收尾處,用擀麵
棍將尾端麵皮擀薄,收口方便黏合,捲成圓柱狀。將捲好的麵糰(螺旋切面朝模型兩側)放入
吐司模,蓋上保鮮膜,進行最後發酵1小時(約脹至吐司模九分滿高度)。

【烘烤】

8 待麵糰脹至吐司模九分滿高度，蓋上吐司蓋，放入烤箱，以210℃烘烤40分鐘後取出，吐司模先在桌面敲一下（讓吐司熱氣平均釋出，防止吐司突然收縮而變形），順利脫模後放於涼架，待冷卻即可切片。

Point

小叮嚀

- 南瓜泥或紫薯泥可以用其他顏色蔬菜泥替換，例如：紅蘿蔔、紅甜椒、小松菜等，自行組合，玩出更多不同顏色的雙色吐司。

- 麵包類忌冷藏保存，容易讓澱粉老化更快。冷凍過的麵包、吐司類，可以在表面噴上少許水分，再放入烤箱以150℃加熱10～15分鐘，或是直接以電鍋蒸5分鐘即可（不需要等待解凍）。

| 難易度：★★★★★ | 份量：500g / 帶蓋短吐司模1個 | 最佳賞味期：常溫2天 / 冷凍21天 |

西瓜偎大邊吐司

材料

A 麵糰
高筋麵粉……300g
水……190g
乾酵母……3g
細砂糖……25g
無鹽奶油……30g
鹽……3g

B 染料
紅麴粉……10g
艾草粉……5g
竹炭粉……5g

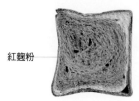

紅麴粉 ── ／ ── 艾草粉
── 竹炭粉

【基本準備】

1 烤箱請先預熱至210℃
備用。

【製作麵糰】

2 **製作麵糰：**材料A無鹽奶油、鹽之外的所有材料一起放入調理盆，慢慢攪拌並揉合至均勻後（麵糰不需要拉出薄膜），加入無鹽奶油、鹽，繼續揉合至麵糰呈現光滑狀，撕下一小塊麵糰將其攤開，可形成透光的光滑薄膜即可。

做法接續下一頁 →

【分割麵糰】

3 將麵糰分成275g、135g、80g、55g共4團。

【玩出顏色】

4 當中275g麵糰與10g紅麴粉揉合均勻，135g麵糰與5g艾草粉揉合均勻，80g麵糰則保留原色，55g麵糰與5g竹炭粉揉合均勻。

5 所有麵糰蓋上保鮮膜，進行基本發酵1小時（約脹至原來2倍大）。

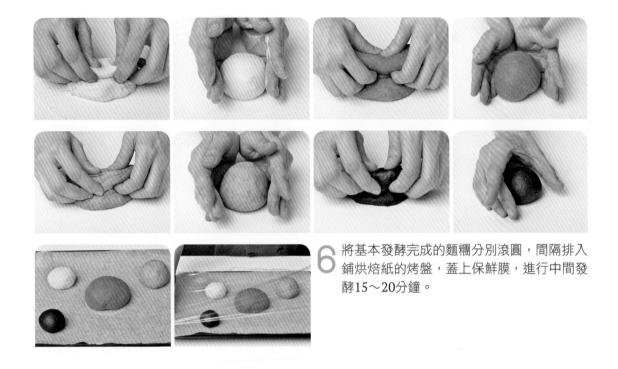

6 將基本發酵完成的麵糰分別滾圓，間隔排入鋪烘焙紙的烤盤，蓋上保鮮膜，進行中間發酵15～20分鐘。

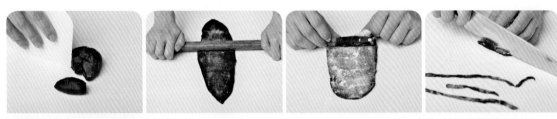

【分割】

7 將60g黑色麵糰分成50g、10g，當中50g麵糰用手稍微壓扁，以擀麵棍擀成厚度約0.1公分橢圓形麵皮，捲成圓柱狀，再切成粗細不規則的麵條狀備用（條數量隨意），10g麵糰則搓成許多米粒般大小的黑色麵糰。

做法接續下一頁 →

【組合】

8 紅色麵糰收口朝下，用手稍微壓扁，用擀麵棍擀成長度約30公分橢圓形麵皮，表面撒上黑色米粒狀麵糰，輕輕按壓後，緊密捲成條狀備用。

9 將80g原色麵糰擀成薄片狀（大小要能完全包覆住做法8的紅色麵糰），將步驟8的紅色完全包覆住，接口捏合。

Point
小叮嚀

- 西瓜皮的綠色艾草粉可以抹茶粉取代，也可以小松菜汁或菠菜汁替換（乾粉類比例不動，只要拿掉艾草粉，然後水分完全以菜汁取代即可）。
- 紅色的部分，可以改為南瓜粉或將水分的一半以南瓜泥取代，做出黃肉的小玉西瓜吐司。

10 取綠色麵糰稍微按壓,擀成長度約20公分橢圓形片,以間距不一的
方式鋪上做法7數條黑色麵糰後,以擀麵棍繼續將麵糰擀成足以包
覆住做法9的麵皮。

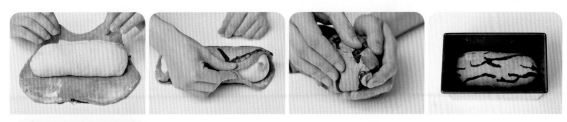

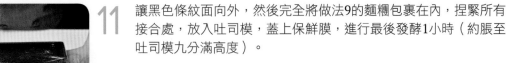

11 讓黑色條紋面向外,然後完全將做法9的麵糰包裹在內,捏緊所有
接合處,放入吐司模,蓋上保鮮膜,進行最後發酵1小時(約脹至
吐司模九分滿高度)。

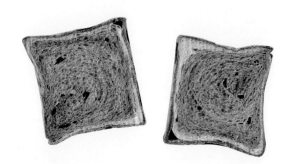

【烘烤】

12 待麵糰脹至吐司模九分滿高度，蓋上吐司蓋。

【脫模】

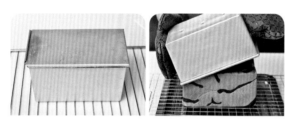

13 放入烤箱，以210℃烘烤40分鐘後取出，吐司模先在桌面敲一下（讓吐司熱氣平均釋出，防止吐司突然收縮而變形），順利脫模後放於涼架，待冷卻即可切片。

Point
小叮嚀

- 西瓜的外皮黑色條狀紋路的數量與鋪法隨個人喜好，但是記得鋪完成時，必須用擀麵棍擀密合。
- 麵包類忌冷藏保存，容易讓澱粉老化更快。冷凍過的麵包、吐司類，可以在表面噴上少許水分，再放入烤箱以150℃加熱10～15分鐘，或是直接以電鍋蒸5分鐘即可（不需要等待解凍）。

歡樂聖誕花圈麵包

材料	A 紅色麵糰	B 綠色麵糰	C 棕色麵糰
	高筋麵粉……240g	高筋麵粉……240g	高筋麵粉……240g
	水……130g	水……130g	水……130g
	紅麴粉……4g	艾草粉……4g	可可粉……8g
	乾酵母……2.4g	乾酵母……2.4g	乾酵母……2.4g
	細砂糖……20g	細砂糖……20g	細砂糖……20g
	全蛋……20g	全蛋……20g	全蛋……20g
	沙拉油……20g	沙拉油……20g	沙拉油……20g
	鹽……3g	鹽……3g	鹽……3g

艾草粉

紅麴粉

可可粉

【基本準備】

1 烤箱請先預熱至140℃；
烤盤鋪上烘焙紙，備用。

【製作麵糰】

2 **製作紅色麵糰：**材料A無鹽奶油、鹽之外的所有材料一起放入調理盆，慢慢攪拌並揉合至均勻後（麵糰不需要拉出薄膜），加入沙拉油、鹽，繼續揉合至麵糰呈現光滑狀，撕下一小塊麵糰將其攤開，可形成透光的光滑薄膜即可。

   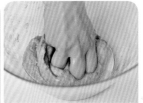

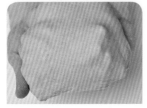

3 **製作綠色麵糰：**材料B無鹽奶油、鹽之外的所有材料一起放入調理盆，慢慢攪拌並揉合至均勻後（麵糰不需要拉出薄膜），加入沙拉油、鹽，繼續揉合至麵糰呈現光滑狀，撕下一小塊麵糰將其攤開，可形成透光的光滑薄膜即可。

   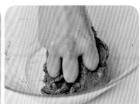

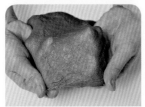

4 **製作棕色麵糰：**材料C無鹽奶油、鹽之外的所有材料一起放入調理盆，慢慢攪拌並揉合至均勻後（麵糰不需要拉出薄膜），加入沙拉油、鹽，繼續揉合至麵糰呈現光滑狀，撕下一小塊麵糰將其攤開，可形成透光的光滑薄膜即可。

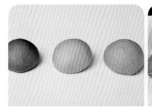 

5 然後將3種顏色麵糰蓋上保鮮膜，進行基本發酵1小時（約脹至原來2倍大）。

6 將基本發酵完成的麵糰,各別分割成90g×4份、40g×1份的麵糰,
輕拍壓出空氣後重新滾圓,進行中間發酵15~20分鐘。

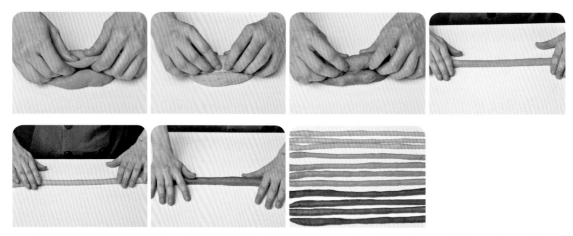

7 將所有完成中間發酵的90g麵糰前後擀開然後對折,鬆弛5分鐘左右,再將其反覆搓長到60公
分為止(可以全部擀完後再回頭開始搓長第一團)。

【組合】

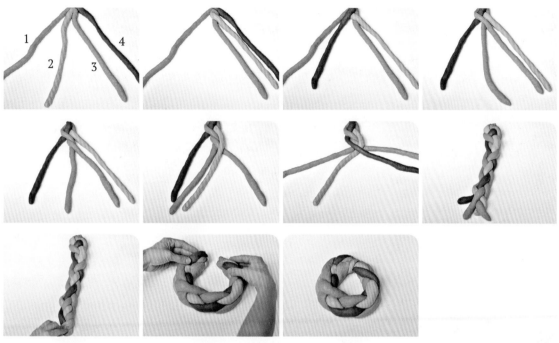

8 將搓好的麵糰分為紅→綠→紅→棕，棕→紅→棕→綠，綠→棕→綠→紅，共3組，其中一端緊
壓接合在一起，由左至右分別編號1～4，然後依照以下順序進行結辮狀。2掛上3→4掛上2→1
掛上3，重覆此順序到編完後將尾端與開端一起捏合後收緊，成為圓形的花圈狀辮子麵包。將
額外預留的三色40g麵糰分別做以下造型。

9 **綠色：**搓成15粒橢圓形後壓平（大小不一沒關係），拉尖其中一端，
再以小尖刀刀按壓出葉脈，做成綠色葉子的形狀，共15片。

【組合】

10 **紅色**：搓成30粒小圓球（大小不一沒關係），取5粒以3→2→1的數量疊法（沾點水幫助沾黏），做成紅色小漿果形狀，底部沾水黏合上一片做好的綠葉，共6個。

11 **棕色**：搓成30粒小圓球（大小不一沒關係），取5粒以3→2→1的數量疊法（沾點水幫助沾黏），做成棕色小漿果形狀，底部沾水黏合上一片做好的綠葉,共6個。

12 將完成的漿果麵糰，隨意擺放在編好的花圈麵糰上（沾點水幫助沾黏），將3個花圈麵糰各別裝飾完畢後，蓋上保鮮膜，進行最後發酵1小時。

【烘烤】

13 將發酵完成的花圈麵包排入烤盤,進入烤箱,烘烤30〜35分鐘至上色且熟,取出後待完全放涼,隨意串上緞帶就完成了漂亮的聖誕花圈。

Point
小叮嚀

● 麵包類忌諱冷藏保存,會讓澱粉老化更快,冷凍過的麵包類表面噴少許水分,放入烤箱,以150℃加熱10〜15分鐘,或直接以電鍋蒸5分鐘即可(不需等待解凍)。

● 沙拉油可選擇大豆油或芥花油等較無味道的蔬菜油,橄欖油或其他堅果類油因為風味過於強烈會影響成品風味,比較不建議使用。

● 紅色麵糰可以用10g紅色染料取代(紅麴粉4g刪除,其他不需要更動),做法參見P.44。

● 綠色麵糰可以用130g小松菜汁或菠菜汁完全取代水分染色(艾草粉4g刪除即可),做法參見P.31、27。

● 棕色麵糰可以用10g棕色染料取代(可可粉8g刪除,其他不需要更動),做法參見P.51。

難易度：★★★☆☆ | 份量：8個 | 最佳賞味期：常溫2天 / 冷凍21天

雙色螺紋彩蔬貝果

材料

A 黃色麵糰
高筋麵粉……250g
細砂糖……15g
乾酵母……1.5g
全蛋……15g
南瓜泥……60g
水……60g
無鹽奶油……10g
鹽……3g

B 綠色麵糰
高筋麵粉……250g
細砂糖……15g
乾酵母……1.5g
全蛋……15g
小松菜泥……110g（P.31）
無鹽奶油……10g
鹽……3g

C 糖水
水……2000g
二砂糖……50g

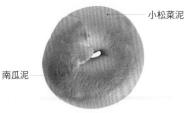
小松菜泥
南瓜泥

【基本準備】 —— 【製作麵糰】

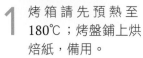

1 烤箱請先預熱至 180℃；烤盤鋪上烘焙紙，備用。

2 **製作黃色麵糰**：材料A無鹽奶油、鹽之外的所有材料一起放入調理盆，慢慢攪拌並揉合至均勻後（麵糰不需要拉出薄膜），加入無鹽奶油、鹽，繼續揉合至麵糰呈現光滑狀，撕下一小塊麵糰將其攤開，可形成透光的光滑薄膜即可。

做法接續下一頁 →

【製作麵糰】

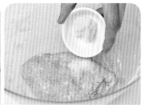

3 **製作綠色麵糰**：材料B無鹽奶油、鹽之外的所有材料一起放入調理盆，慢慢攪拌並揉合至均勻後（麵糰不需要拉出薄膜），加入無鹽奶油、鹽，繼續揉合至麵糰呈現光滑狀，撕下一小塊麵糰將其攤開，可形成透光的光滑薄膜即可。

4 將兩色麵糰蓋上保鮮膜，進行基本發酵1小時（約脹至原來2倍大）。

Point
小叮嚀

- 選用二砂糖燙煮出來的貝果，其色澤、香氣都優於細砂糖，也可以蜂蜜替換。
- 南瓜或小松菜能以其他不同顏色蔬菜替換（例如：紅蘿蔔、紅甜椒、紫薯），做成泥狀，變化更多不同顏色的貝果。
- 麵包類忌諱冷藏保存，會讓澱粉老化更快，冷凍過的麵包類表面噴少許水分，放入烤箱，以150℃加熱10～15分鐘，或直接以電鍋蒸5分鐘即可（不需等待解凍）。

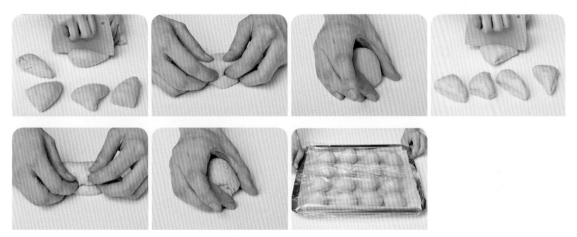

5 　將兩色麵糰各別分割成8個50g重的麵糰，滾圓，蓋上保鮮膜，進行中間發酵15分鐘。

【 組合擀平 】

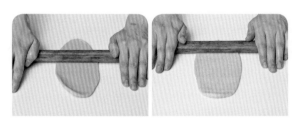

6 　取1個50g黃色麵糰，用擀麵棍擀成長度約15～20公分橢圓形，再取1個50g綠色麵糰，用擀麵棍擀成厚度約0.3公分橢圓形。

【組合擀捲】

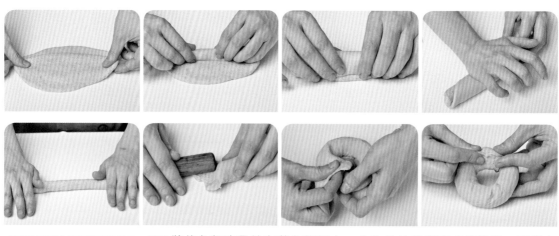

7 將綠色麵皮疊放在黃色麵糰上，由內往外捲緊密成條狀後，用掌心將接口輕輕滾壓接合，再搓成約20公分長條，將其中一端稍微掀開並用擀麵棍壓平，包裹住另一端後捏緊黏合，形成圓圈狀，依序做法6、7完成其他麵糰的擀捲步驟，排入已鋪烘焙紙的烤盤。

8 取保鮮膜蓋上擀捲好的貝果麵糰，蓋上保鮮膜，進行最後發酵1小時（約脹至原來1.5倍大）。

【燙煮】

9 材料C的水以大火煮滾，加入二砂糖續煮滾後，轉中小火保持微冒泡但不沸騰的程度，將貝果麵糰輕輕放入水中，煮約30秒鐘後翻面，再煮30秒鐘後立刻撈起，瀝乾水分。

【烘烤】

10 將瀝乾的貝果麵糰排入烤盤，放入烤箱，烘烤18～20分鐘上色且熟，取出後放涼即可。

難易度：★★☆☆☆ ｜ 份量：直徑8×高4公分烤模2杯 ｜ 最佳賞味期：現做現吃

趁熱吃番茄起司舒芙蕾

材料

A 蛋麵糊
蛋黃……1個
牛奶……100g
無鹽奶油……10g
帕馬森起司（刨絲）……5g
番茄糊……5g（P.33）
細砂糖……5g
蛋白……1個

B 其他
無鹽奶油……5g
低筋麵粉……5g
帕馬森起司（刨絲）……5g

—— 番茄糊

【基本準備】

1 烤箱請先預熱至210℃；牛奶溫熱（約32～40℃），備用。

2 烤模內側與底部先抹上一層薄薄材料B無鹽奶油，再撒上少許低筋麵粉，滾一滾均勻布滿烤模內，然後倒出多餘的麵粉。

做法接續下一頁 →

Point
小叮嚀

● 有別於一般人對舒芙蕾是甜食的印象，很多國外的舒芙蕾專賣店都有各式各樣鹹口味的舒芙蕾，甚至有加入菠菜泥與細火腿丁等口味，是可以做為正餐的主食，歡迎大家多多發揮創意試試看。

【 製作蛋麵糊 】

3 蛋黃與溫熱的牛奶混合均勻,加入帕馬森起司、番茄糊拌勻,過篩一次,邊用打蛋器邊用小火煮成漿糊狀的蛋黃醬備用。

4 細砂糖、蛋白一起放入調理盆,將蛋白以電動打蛋器攪打至9分發(蛋白稍稍挺立,但尖端會下垂的程度),先取少量到蛋黃中混合,再將剩下蛋白以橡皮刮刀分2～3次輕輕混拌蛋黃醬中備用。

【 入模烘烤 】

5 將番茄麵糊填入烤模,抹平後排入深烤盤,盤中倒入約1公分高的熱水,在麵糊上撒一層材料B帕馬森起司,接著放入烤箱,烘烤20分鐘上色即可取出,稍涼後趁溫熱享用。

Part

3

小巧討喜糖果餅乾

　　一口一個最剛好！還記得小時候逛糖果店，看到那些瓶瓶罐罐裝滿了各式各色的餅乾、糖果，盤算著口袋裡今天的零用錢可以買哪一樣的感覺嗎？長大後也許因為對食品添加物有了更多認知之後，就對這些糖果卻步了。但在這個單元，從棉花糖、糖果到餅乾，您都可以簡單完成，同時拉回童趣時光的甜蜜色彩，吃得更加安心，快來試試看吧！

難易度：★★☆☆☆	份量：直徑4公分圓形24個	最佳賞味期：常溫密封14天

馬戲團迷你帳篷瑪琳糖

材料
蛋白……60g（2個）
海藻糖……60g
鹽……1g（1/4小匙）
糖粉……60g
檸檬汁……5g
紅色染料……3g（P.44）

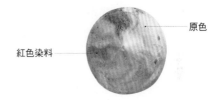

原色

紅色染料

【基本準備】── 【製作蛋白糊】

1 烤箱請先預熱至100℃；烤盤鋪上烘焙紙，備用。

2 蛋白放入調理盆，用電動打蛋器打至起泡，將海藻糖分2～3次加入調理盆，繼續攪打均勻，加入鹽，打勻。

3 將糖粉分2～3次加入做法2，持續打勻，接著倒入檸檬汁，攪打至硬性發泡為止（蛋白霜尖端完全硬挺不下垂的程度）。

做法接續下一頁 ➔

【玩出顏色】

4 加入紅色染料，以橡皮刮刀輕輕攪拌，成為大理石紋的雙色蛋白霜即可停止，勿攪拌過度。

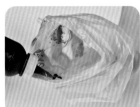  

5 擠花袋前端套入圓形花嘴，取紅色染料在擠花袋內側隨意畫上不規則線條，將蛋白霜填入擠花袋，用刮板往前推至前端使無空隙，在擠花袋前端剪一個小洞。

【烘烤】

  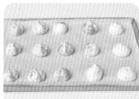 

6 於烤盤上擠出直徑4公分的圓形蛋白霜（每個間距保持2～3公分），再往上提起呈小尖端。放入烤箱以100℃烘烤1小時，再輕按瑪琳糖表面，若還有軟度，則放入烤箱，繼續烘烤15～20分鐘至觸感為完全堅硬，取出後放涼即可。

Point
小叮嚀

- 烤箱必須先用烘烤的溫度預熱完成，再將欲烤的糕點放入烤箱烘烤。
- 瑪琳糖又稱蛋白糖，非常容易受潮，所以完全放涼後，務必立即放入密封罐保存。

一抹好茶牛奶糖

材料	A 糖糊	B 其他
	抹茶粉……6g	冰開水……100g
	透明水麥芽……30g	
	細砂糖……100g	
	動物性鮮奶油……200g	

抹茶粉

【基本準備】

1 長18×寬9×高6公分蛋糕模底部,先鋪上一層烘焙紙防沾黏;抹茶粉過篩,備用。

【製作糖糊】

2 除了抹茶粉以外的所有材料都放入鍋中,以中小火開始慢慢加熱,待沸騰後轉小火,持續以耐熱橡皮刮刀邊攪拌邊煮,避免燒焦。

3 當牛奶糖慢慢呈現乳茶色時,即可滴幾滴到冰開水中搓揉看看,可以形成不會散開的軟球狀時,即可關火,再將抹茶粉加進糖糊中,迅速拌勻。

【入模】

4 將做法3的牛奶糖糊填入蛋糕模中,並抹平,隔冰水或放冰箱降溫至完全冷卻後即可脫模,撕開烘焙紙後切塊,包上糖果紙,再裝入密封罐保存即完成。

Point
小叮嚀

- 製作牛奶糖不需要測溫度,只要以冰水測試,到達自己喜歡的軟硬度狀態即可。
- 抹茶粉可以南瓜粉、艾草粉、紅茶粉、紅麴粉或紫薯粉等喜歡的天然色粉替換,創造出各種不同色調與風味的牛奶糖,甚至暖味香料(肉桂、荳蔻、薑粉等)也非常適合,完全不使用天然色粉調味則為原味奶香牛奶糖。

難易度：★★★☆☆ │ 份量：直徑3公分水滴形30個 │ 最佳賞味期：夏季常溫密封3～4天 / 冬季常溫密封7天

漫步在雲端棉花糖

材料

A 糖糊
吉利丁片……15g
冷開水……100g
蜂蜜……50g
細砂糖……140g
海藻糖……100g
蛋白……100g
天然香草精……1g
紫色染料……10g（P.50）

B 其他
熟太白粉……適量
無鹽奶油……適量

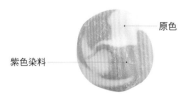

原色

紫色染料

【 基本準備 】

1 取一個平盤，均勻篩上一層熟太白粉於平盤備用。

2 先取4個中號拋棄式擠花袋，於內側表面抹上薄薄一層無鹽奶油，搓一搓擠花袋讓無鹽奶油均勻後，尖端剪約0.5公分的開口備用。

3 吉利丁片先以份量外的少許冰開水泡軟，擠乾水分備用。

做法接續下一頁 →

【製作糖糊】

4 將冷開水、蜂蜜、細砂糖與海藻糖一起放入小深鍋中,不需要攪拌,用小火將所有材料慢慢熬煮加熱,當糖漿溫度到達118℃～120℃時,即可開始將蛋白以電動打蛋器攪打至九分發(蛋白稍稍挺立但尖端會下垂的程度)。

5 當做法4的糖漿溫度到達125℃時立刻離火,然後緩緩將糖漿倒進繼續攪打中的蛋白糊中,形成有彈性的蛋白霜。

6 加入泡軟的吉利丁片、天然香草香精,持續攪打5～8分鐘,直到熱棉花糖糊溫度降至40℃時即可停止,取220g倒入調理盆備用。

【玩出顏色】

7 將紫色染料加入220g棉花糖糊,輕輕拌勻成為淡紫色的棉花糖糊,平均裝入兩個抹過油的中號擠花袋中,剩下的棉花糖糊則平均裝進另外兩個抹過油的中號擠花袋中。

8 取1個更大的拋棄式擠花袋剪出約直徑1公分的開口,裝上圓形花嘴,然後將做法7的4個中號擠花袋交錯排列放進大擠花袋中。

【擠出棉花糖】

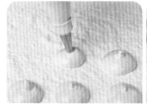   

9 以垂直方式擠出,然後旋轉一圈,最後向上快速提起收尾,於撒一層熟太白粉的平盤上擠出雙色螺紋的水滴形棉花糖(每顆間距2～3公分),靜置至少3小時或隔夜使其完全冷卻(不需要冷藏)。

10 於完成的水滴形棉花糖上,篩上薄薄一層熟太白粉防沾即可,棉花糖記得放進密封罐中保存。

Point 小叮嚀

- 熟太白粉指的是市面上外包裝標示「日本太白粉」,若買不到時,取一般太白粉,用烤箱140℃～150℃烘烤10～15分鐘,放涼就可以使用了。
- 務必用冰開水泡軟吉利丁片,使用常溫以上的水,都會讓吉利丁片融化在水裡而影響使用的份量。
- 煮糖溫時溫度比沸水高出許多,請勿讓年幼孩童操作或靠近,以免發生危險。
- 糖漿溫度到達118℃～120℃時,糖溫上升的速度會變得非常緩慢,至少有7～10分鐘的時間可以安心操作打發蛋白這個步驟。
- 糖溫煮到125℃離火後即使稍稍降溫也不會影響糖溫產生的反應,所以不用怕糖溫下降會失敗而急著將糖漿快速沖進蛋白裡,會煮成熟蛋白喔!只要輕鬆緩緩倒入就可以了。
- 本配方已經是減甜配方,嗜甜的朋友可以將海藻糖全部替換成細砂糖,但切勿將所有糖全部換成海藻糖,太高比例的海藻糖會讓棉花糖產生反砂狀的粗糙口感。

難易度：★★☆☆☆ | 份量：長2×寬1×高1公分50個 | 最佳賞味期：常溫密封21天

法式熱吻水果軟糖

材料

A 果泥
果膠粉……12g
細砂糖……350g
百香果汁……250g
芒果泥……250g
海藻糖……250g
蜂蜜……100g
檸檬汁……50g

B 其他
細砂糖……適量

← 綜合新鮮水果泥

【基本準備】

1 在長18×寬9×高6公分蛋糕模底部，先鋪上一層烘焙紙防沾黏備用；果膠粉與50g細砂糖混合均勻，備用。

【製作果泥】

2 百香果汁、芒果果泥混合，以小火煮至42～50℃後，將拌勻的果膠糖粉倒入，繼續煮至沸騰，加入剩下的300g細砂糖，再次沸騰。

做法接續下一頁 →

【製作果泥】

3 接著加入蜂蜜，持續以耐熱刮刀攪拌，加熱至107℃時，倒入檸檬汁並立即關火迅速拌勻即為
綜合果泥，將完成的綜合果泥立刻倒入蛋糕模中，於室溫下靜置一晚使其完全冷卻。

【脫模】

4 待完全冷卻且凝固，扣出脫模，再將軟糖切成適合大小，均勻裹上一
層薄薄材料B的細砂糖防沾，完成的水果糖記得放進密封罐中保存。

Point
小叮嚀

- 軟糖務必在室溫下靜置冷卻，
  心急放冰箱冷藏冷卻的軟糖會
  反潮，即使沾上細砂糖後，依
  舊會變得濕黏喔！
- 非水果產季時，可以用冷凍鮮
  果，待解凍即可放入食物調理
  機或果汁機打成泥取代。別擔
  心！其不影響成品結果。

很有嚼勁土耳其軟糖

<table>
<tr><td>材料</td><td>A 漿糊
玉米粉……50g
塔塔粉……2g
冷開水……200g

B 糖漿
海藻糖……150g
細砂糖……250g
冷開水……150g
檸檬汁……10g</td><td>C 其他
食用級玫瑰花水……10g
紅色染料……5g（P.44）
沙拉油……適量
熟太白粉……適量</td></tr>
</table>

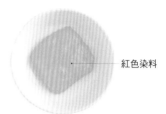 紅色染料

【製作漿糊】

1 玉米粉、塔塔粉混合後一起過篩，再倒入鍋中，取材料A的冷開水一起攪拌均勻，開中小火，邊用打蛋器攪拌邊煮到像漿糊般的濃稠狀即可關火備用。

【製作糖漿】

2 海藻糖、細砂糖、材料B的冷開水一起放入鍋中，以小火加熱到糖漿溫度到達115℃時，邊攪拌邊緩緩加入做法1的漿糊中，攪拌到完全均勻為止，加入檸檬汁然後立刻關火。

【玩出顏色】

3 用小火繼續慢慢煮，同時以耐熱橡皮刮刀不停攪拌，避免燒焦，直到再度呈現黏稠的漿糊狀態後，加入玫瑰花水、紅色染料，調成個人喜歡的顏色深淺即可關火。

【入模】

4 取1個平盤，鋪上1張烘焙紙，放上長15×寬15×高5公分的慕斯框，將完成的軟糖糊倒入慕斯框底部，靜置至少4小時或隔夜至完全冷卻為止（不需要冷藏）。

【脫模】

5 將完全冷卻的土耳其軟糖以抹了沙拉油的利刀在蛋糕模四周劃一圈再脫模，再撒上一層薄薄熟太白粉防沾，切成3×寬3×高0.5公分即可。

Point
小叮嚀

- 玫瑰花水可以到烘焙材料行購買，花水與色彩染料能依照個人喜好替換（例如：橙花花水、薄荷水、藍色染料、黃色染料等），但務必選擇食用級的花水，化妝保養用的花水含有防腐劑，不可使用喔！

難易度：★★☆☆☆ ｜ 份量：3公分立方體25個 ｜ 最佳賞味期：夏季常溫密封3～4天 / 冬季常溫密封7天

酸甜滋味棉花糖

材料

A 糖糊
抹茶粉……5g
冷開水……10g
吉利丁片……15g
檸檬汁……100g
蜂蜜……50g
細砂糖……140g
海藻糖……100g
蛋白……100g

B 其他
熟太白粉……適量
無鹽奶油……適量

抹茶粉

原色

【 基本準備 】

1 取一個平盤，均勻篩上一層熟太白粉於平盤備用。

2 先在長15×寬15×高5公分蛋糕模內側四周抹上一層薄薄無鹽奶油，再撒上一層薄薄熟太白粉備用。

3 抹茶粉與冷開水調勻成抹茶糊；吉利丁片先以份量外的少許冰開水泡軟，擠乾水分，備用。

Point
小叮嚀

- 檸檬汁可以換成萊姆汁或其他酸味重的新鮮柑橘類原汁，也可以在盛產期時，將以上柑橘類榨汁再冷凍備用，使用前完全解凍即可使用。
- 熟太白粉指的是市面上外包裝標示「日本太白粉」，若買不到時，取一般太白粉，用烤箱140℃～150℃烘烤10～15分鐘，放涼就可以使用了。

做法接續下一頁 ➜

【製作糖糊】

4 將檸檬汁、蜂蜜、細砂糖與海藻糖一起放入小深鍋中,不需要攪拌,
用小火將所有材料慢慢熬煮加熱,當糖漿溫度到達118℃～120℃時,
即可開始將蛋白以電動打蛋器攪打至九分發(蛋白稍稍挺立但尖端會
下垂的程度)。

5 當做法4的糖漿溫度到達125℃時立刻離火,
然後緩緩將糖漿倒進繼續攪打中的蛋白糊
中,形成有彈性的蛋白霜。

6 加入泡軟的吉利丁片、天然香草香精,持續
攪打5～8分鐘,直到熱棉花糖糊溫度降至
40℃時即可停止。

【玩出顏色】

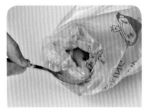

7 先將取少量(約5g)抹茶糊與做法6棉花糖糊混合拌勻,成為淡綠
色;再從中取出約20g與剩下的抹茶糊拌勻,成為深綠色棉花糖糊,
並裝入擠花袋備用。

Point
小叮嚀

- 務必用冰開水泡軟吉利丁片,使用常溫以上的水,都會讓吉利丁片融化在水裡而影響使
用的份量。
- 糖溫煮到125℃離火後即使稍稍降溫也不會影響糖溫產生的反應,所以不用怕糖溫下降會
失敗而急著將糖漿快速沖進蛋白裡,會煮成熟蛋白喔!只要輕鬆緩緩倒入就可以了。

【入模】

8 將還溫熱的棉花糖糊,以橡皮刮刀刮進備好的蛋糕模中,稍微敲數下蛋糕模,使糖糊表面平整。

9 將裝了抹茶棉花糖糊的擠花袋剪一個小小的洞,在做法8的棉花糖糊表面擠出整齊排列的直向線條(間距0.3~0.5公分)。取一支竹籤或牙籤,以橫向方式輕輕在綠色線條上拉出紋路(間距0.5~1公分),再篩上一層薄薄熟太白粉防沾,然後將完成的雙色拉紋棉花糖糊靜置至少3小時或隔夜使其完全冷卻(不需要冷藏)。

【棉花糖完成】

10 先在冷卻的成品表面撒上熟太白粉,然後用刀子在蛋糕四周輕輕劃一圈,並倒扣及翻正在鋪了一層熟太白粉的做法1平盤中,用抹上少許無鹽奶油的刀或剪刀,將棉花糖分切成3公分立方體即可,完成的棉花糖記得放進密封罐中保存。

Point 小叮嚀

● 煮糖溫時溫度比沸水高出許多,請勿讓年幼孩童操作或靠近,以免發生危險。
● 糖漿溫度到達118℃~120℃時,糖溫上升的速度會變得非常緩慢,至少有7~10分鐘的時間可以安心操作打發蛋白這個步驟。
● 本配方已經是減甜配方,嗜甜的朋友可以將海藻糖全部替換成細砂糖,但切勿將所有糖全部換成海藻糖,太高比例的海藻糖會讓棉花糖產生反砂狀的粗糙口感。

難易度：★★★★☆　　份量：100～120個　　最佳賞味期：各別用糖果袋密封、常溫21天

淡藍好杏情牛軋糖

Point
小叮嚀

- 糖漿溫度決定牛軋糖的軟硬度，會依季節略做調整，冬天時糖漿溫度煮至126℃即可，夏天則需煮至135℃，做出來的成品才不會太軟。
- 糖漿溫度煮到135℃即可離火，即使稍微降溫也不會影響糖溫產生的反應，所以不用怕糖溫下降會失敗而急著將糖漿快速沖進蛋白中，會煮熟蛋白的，只要放輕鬆緩緩的倒入就可以。
- 妊娠中的婦女小姐們要避免過量食用蝶豆花，可以任何其他喜歡的顏色染料取代，只要在沖完糖漿這個步驟後加入，調整到個人喜歡的顏色深淺，然後省略加入檸檬汁的步驟即可。

材料

A 糖漿
奶粉……100g
杏仁粒……750g
透明水麥芽……520g
海藻糖……200g
細砂糖……145g

水……130g
無鹽奶油……50g
蛋白……50g
糖粉……30g

B 染料
藍色染料……10g（P.49）
檸檬汁……5g

藍色染料

藍色染料＋檸檬汁

【基本準備】

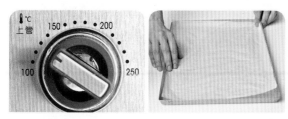

1 烤箱請先預熱至130℃；烤盤先鋪上1張烘焙紙，備用。

2 奶粉過篩；杏仁粒放入烤箱，以低溫130℃烘烤1小時，調降為90℃保溫狀態，備用。

【製作糖漿】

3 奶油先隔水加熱至完全融化後，呈現保溫狀態備用。

4 將透明水麥芽、海藻糖、細砂糖與水一起放入小深鍋中，不需要攪拌，用小火將所有材料慢慢熬煮加熱，當糖漿溫度到達125℃時，即可開始將蛋白、糖粉以電動打蛋器攪打至九分發（蛋白稍稍挺立但尖端會下垂的程度）。

做法接續下一頁 →

【製作糖漿】

5 當做法4的糖漿溫度到達135℃時立刻離火,然後緩緩將糖漿倒入繼續攪打中的蛋白糊中,形成有彈性的蛋白霜,加入做法3融化的奶油,攪打均勻,將電動打蛋器轉慢速,加入奶粉,攪打均勻。

【玩出顏色】

6 趁熱加入保溫的杏仁粒,用耐熱橡皮刮刀或木匙稍微攪拌,再加入藍色染料拌勻,形成帶有淡淡藍色的牛軋糖。

7 倒入檸檬汁,稍微拌幾下即可停止,形成淡淡藍色與淡紫色的大理石紋路牛軋糖糖霜。

【擀平分切】

8 將牛軋糖糖霜倒在鋪烘焙紙的烤盤上,在上方覆蓋另外一張烘焙紙或烘焙布防沾,戴上隔熱手套稍微壓一壓,趁熱以擀麵棍擀平。

9 待牛軋糖降溫至微溫不燙手,但未完全涼透的狀態時,即可以利刀切成小長方形(長度5～6公分),待完全涼透即可裝進糖果袋中密封保存。

心心相印餅乾

材料	無鹽奶油……40g
	低筋麵粉……80g
	紅麴粉……7g
	細砂糖……35g
	蛋……20g

原色

紅麴粉

【基本準備】

1 烤箱請先預熱至180℃；無鹽奶油放室溫軟化，備用。

2 低筋麵粉過篩後分成45g、35g；紅麴粉過篩，備用。

【製作奶油麵糊】

3 無鹽奶油、細砂糖一起用打蛋器攪打至幾乎看不見細砂糖為止，將蛋加入，繼續攪打至完全看不到蛋液為止，分為兩等份（每份約45g）。

【玩出顏色】

4 一份蛋糊加入45g低筋麵粉，攪拌均勻；另一份加入35g低筋麵粉與7g紅麴粉，攪拌均勻。即成為白色、紅色兩種餅乾麵糰，然後將白色麵糰分成30g、60g。全部麵糰包上保鮮膜，放入冰箱冷藏30分鐘。

【組合】

5 將30g白色麵糰整成長6公分的圓形長條狀,再以掌心或刮板擠壓其中一側,成為水滴形的長條,最後在水滴形的頓端,以刮板或刀背壓出凹槽,變成愛心形狀的白色長條狀麵糰,包上保鮮膜冷凍30分鐘備用。

6 將紅色麵糰包裹住凍硬的白色麵糰,以同樣整形方式整出白色在內、紅色在外的愛心形麵糰,包上保鮮膜,冷凍30分鐘備用。

7 取出做法6凍硬的麵糰,用剩下的60g白色麵糰將其完整包覆住,包上保鮮膜,放入冰箱冷凍30分鐘。

【烘烤】

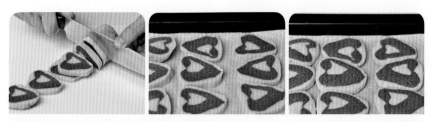

8 取出凍硬的餅乾麵糰,切成每片厚度0.5公分,排入烤盤,放入烤箱烘烤15～18分鐘即完成。

Point
小叮嚀

● 黏合整形餅乾麵糰時,可在接合處刷上薄薄的蛋液加強黏著力,讓你的雙心餅乾不會在切片或烘烤時分開喔!

難易度：★★★☆☆ | 份量：12片 | 最佳賞味期：常溫密封30天

黑白交錯格紋餅乾

材料

A 糖糊
無鹽奶油……40g
低筋麵粉……80g
南瓜粉……5g
竹炭粉……3g
細砂糖……35g
全蛋……15g

原色
竹炭粉

【基本準備】

1 烤箱請先預熱至180℃；無鹽奶油放室溫軟化，備用。

2 低筋麵粉過篩後分成40g兩份；南瓜粉過篩；竹炭粉過篩，備用。

【製作奶油麵糊】

3 無鹽奶油、細砂糖一起用打蛋器攪打至幾乎看不見細砂糖為止，將蛋加入，繼續攪打至完全看不到蛋液為止，分為兩等份（每份約45g）。

做法接續下一頁 →

【玩出顏色】

4　一份蛋糊加入40g低筋麵粉與5g南瓜粉，攪拌均勻；另一份加入40g低筋麵粉與3g竹炭粉，攪拌均勻。即成為黃色、黑色兩種餅乾麵糰，包上保鮮膜，放入冰箱冷藏30分鐘。

【組合】

5　分別將兩種麵糰整成長4.5×寬3×高3公分的麵糰，包上保鮮膜，放入冰箱冷凍30分鐘。

6　取出凍硬的餅乾麵糰，切成每片長4.5×寬3×厚1公分的麵糰片，每種顏色各3片，所以兩色共6片。

Point
小叮嚀

● 交疊整成餅乾麵糰時，可以在接合處刷上薄薄的蛋液加強黏著力，避免切片或烘烤時分開。

7 將麵糰片分別以此順序交疊，一組為黃、黑、黃，另一組為黑、黃、黑，交疊成為兩個橫條紋麵糰，再將橫紋麵糰切成每片長4.5×寬3×厚1公分的麵糰片各3片。

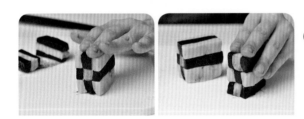

8 將兩款不同橫紋麵糰交錯疊放，整成為兩個長4.5×寬3×高6公分的餅乾麵糰，包上保鮮膜，放入冰箱冷凍30分鐘。

【烘烤】

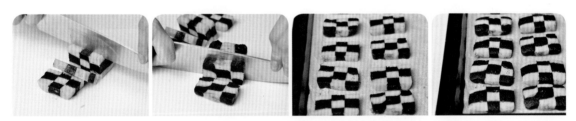

9 取出冰硬的餅乾麵糰，切成每片厚度1公分的餅乾麵糰，排入烤盤，放入烤箱烘烤15～18分鐘即完成。

森林足跡貓爪餅乾

材料

無鹽奶油……40g　　紅麴粉……3g
低筋麵粉……80g　　細砂糖……35g
可可粉……3g　　蛋……20g

可可粉　　　　　　　紅麴粉

【基本準備】

1 烤箱請先預熱至180℃備用。

2 無鹽奶油放室溫軟化；低筋麵粉、紅麴粉、可可粉分別過篩,備用。

【製作奶油麵糊】

3 無鹽奶油、細砂糖一起用打蛋器攪打至幾乎看不見細砂糖為止,將蛋加入,繼續攪打至完全看不到蛋液為止,分為兩等份(每份約45g)。

【玩出顏色】

4 一份蛋糕加入40g低筋麵粉與3g可可粉,攪拌均勻;另一份加入40g低筋麵粉與3g紅麴粉,攪拌均勻,即成為棕色、紅色兩種餅乾麵糰,包上保鮮膜,放入冰箱冷藏30分鐘。將紅色餅乾麵糰分成45g、40g,再將其中40g分成各10g的小麵糰,棕色麵糰則分成30g、55g備用(此道餅乾麵糰不需要冷凍,以方便後續步驟塑形)。

Point
小叮嚀

● 黏合整形餅乾麵糰時,可在接合處刷上薄薄的蛋液加強黏著力,讓貓掌餅乾不會在切片或烘烤時分開。

做法接續下一頁 ➔

【組合】

5 將45g紅色麵糰整形成直徑2公分×長6公分圓柱形麵糰，再利用刮板或刀背在任意一端壓出凹槽，形成貓掌掌心的形狀，再將其他4份10g的麵糰整形成寬度約0.5公分的橢圓形長條狀麵糰，然後將所有紅色麵糰蓋上保鮮膜，冷凍20～30分鐘備用。

6 取出45g紅色麵糰，用30g棕色麵糰將紅色麵糰外圍完整包覆住一層。

7 將10g紅色面糰搓成長條形，以約1公分的間距排列壓黏在棕色麵糰外側（中心紅色麵糰沒有凹槽的那一側），再將55g棕色麵糰平均分成4條，搓長後黏在兩色縫處填滿，慢慢往外推將整個麵糰外側包覆住後，再整成直徑5公分、長6公分的圓柱狀，包上保鮮膜，放入冰箱冷凍30分鐘。

【烘烤】

8 取出凍硬的餅乾麵糰，切成每片厚度0.5公分的餅乾麵糰，排入烤盤，放入烤箱烘烤15～18分鐘即完成。

Part
4
麵麵俱到中西麵食

　　麵食除了米黃色就只有白色嗎？這是大部分人既有的認知與印象吧！如果可以融合蔬菜與麵食，既豐富大家的餐桌視覺效果，又能讓家人增加適量的蔬食攝取，而且完成品還美得讓人食指大動。不同種類的麵食有不一樣的製作技巧，我一點也不藏私地分享給您，讓每位願意動手做的人，都能夠擁有多國風味「麵麵俱到」。

難易度：★★★★☆ | 份量：6人份 | 最佳賞味期：現做現吃／冷凍14天

三色義大利麵餃

材料

A 內餡
瑞可達起司……120g
菠菜泥……30g（P.27）
蛋黃……1個
帕馬森起司（刨絲）……20g
鹽……3g
黑胡椒粉……3g

B 麵糰
杜蘭小麥粉……400g
全蛋……4個
番茄糊……40g（P.33）
菠菜泥……40g（P.27）

C 其他
無鹽奶油……20g
蒜頭（切片）……2～3片
鹽（少許）……0.5g
黑胡椒粉（少許）……0.5g
帕馬森起司（刨絲）……5g
冷壓初榨橄欖油……20g

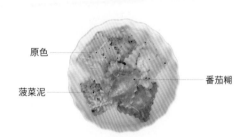

原色
菠菜泥
番茄糊

【製作內餡】

1 內餡的瑞可達起司用棉布包起來後擰乾水分，與其他材料A混合均勻，裝進擠花袋，剪出直徑1公分的開口備用。

做法接續下一頁 →

【製作麵糰】

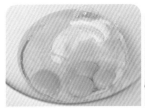   

2 杜蘭小麥粉與全蛋混合均勻,稍微揉成團狀(不需要太均勻)即可,包上保鮮膜,靜置鬆弛30〜60分鐘。再重新揉成均勻的麵糰,接著分成225g、185g、185g三份麵糰。

【玩出顏色】

3 取1份185g麵糰混合番茄糊,另一份185g麵糰混合菠菜泥,揉成光滑均勻的麵糰。將三份麵糰都包上保鮮膜,靜置鬆弛30〜60分鐘。

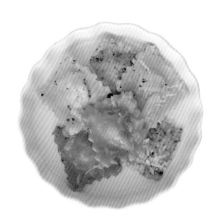

【擀壓麵糰】

4 綠色麵糰先稍微壓平後,用壓麵機擀製,從最大刻度開始反覆折壓,每團都至少折壓10次後,再將壓麵機的厚度開始慢慢降低,以及重複折壓到麵皮厚度為0.1公分(麵皮薄到隱隱透光)即止。

5 紅色麵糰先稍微壓平後,用壓麵機擀製,從最大刻度開始反覆折壓,每團都至少折壓10次後,再將壓麵機的厚度開始慢慢降低,以及重複折壓到麵皮厚度為0.1公分(麵皮薄到隱隱透光)即止。

6 原色麵糰先稍微壓平後,用壓麵機擀製,從最大刻度開始反覆折壓,每團都至少折壓10次後,再將壓麵機的厚度開始慢慢降低,以及重複折壓到麵皮厚度為0.1公分(麵皮薄到隱隱透光)即止。

做法接續下一頁 →

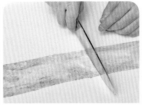

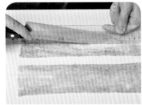

7 分別將三色麵皮切成長28×寬8公分的麵皮兩張，所以三色共6張，每一色各取1張，各別在長、寬每4公分處，就用刀背輕輕在麵皮上劃出淺淺的線條做記號，讓麵皮表面有格子狀的記號。

【包入內餡】

8 取做法1的內餡平均放在格子中，然後在內餡周圍抹上少許水，再將同色系另一塊麵皮輕輕蓋上，用手指沿著餡料周圍輕壓後再按壓將兩片黏合，避免空氣留在兩片麵皮之中，最後用齒狀的派皮刀分切成義大利餃，撒上一層杜蘭小麥粉防沾黏。

【煮熟】

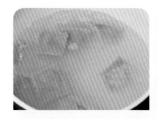   

9 準備一大鍋水，煮滾後加入少許鹽，將義大利麵餃輕輕放進煮滾的鹽水中，煮3～4分鐘。

10 趁煮麵的時間將無鹽奶油放入熱好的平底鍋中融化，再放入蒜片炒出香氣，待義大利麵餃呈現浮起狀態就迅速撈起放入平底鍋中，拌炒30～60秒鐘，以鹽、黑胡椒粉調味後盛盤，再撒上帕馬森起司，淋上冷壓初榨橄欖油即可。

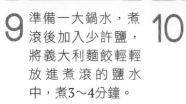

Point
小叮嚀

- 杜蘭小麥粉可以在進口超市、烘焙材料行購買，或是用高筋麵粉替換。
- 若沒有壓麵機，可以用擀麵棍慢慢擀壓，也能做出相近的效果。
- 義大利國旗為綠、白、紅三色，飲食中幾乎離不開這三個色系，所以這道麵餃的顏色也剛好是這三色。如果喜歡其他顏色者，可以將蔬菜泥替換成其他顏色的蔬果泥即可。

難易度：★★★★★ | 份量：4人份 | 最佳賞味期：現做現吃／冷藏5天

懷念媽媽味麵疙瘩

小叮嚀

- 麵疙瘩可以和其他蔬菜一起拌炒或是煮成湯。
- 紫薯粉可以用任何喜愛的天然色粉替換（例如：紅麴粉、艾草粉等），就能做出其他顏色的台式麵疙瘩。

材料

A 紫色麵糰
中筋麵粉……150g
地瓜粉……50g
紫薯粉……20g
冷開水……150g

B 黃色麵糰
中筋麵粉……150g
地瓜粉……50g
黃色染料（枸杞汁液）
……5g（P.45）
冷開水……150g

C 其他
沙拉油……適量

黃色染料
（枸杞汁液）

紫薯粉

【玩出顏色】

1 材料A的中筋麵粉、地瓜粉、紫薯粉混合後，加入冷開水，以打蛋器攪成濃稠濕黏的麵糊，即為紫色麵糊。

2 材料B的中筋麵粉、地瓜粉、黃色染料、冷開水水混合後，加入冷開水，以打蛋器攪成濃稠濕黏的麵糊，即為黃色麵糊。

【煮熟】

 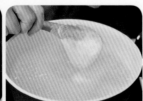 

3 準備一鍋沸水（約4000g），取一支湯匙（標準吃飯用的大小），沾取材料C沙拉油防沾，用湯匙的側邊挖取紫色麵糊（約1/2支湯匙的量），然後讓它滑進沸騰的熱水中，黃色麵糊重複如下步驟：沙拉油防沾、挖取、燙麵糊，直到所有麵糊挖取完畢。

 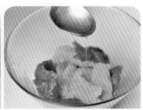

4 煮好後可以溫溫吃，或是將浮起來的麵疙瘩撈起來後放入冷開水中（約2000g），待冷卻完成，台式麵疙瘩淋上約10g沙拉油防沾，裝進密封袋中冷藏保存，待下次食用前加熱即可。

難易度：★☆☆☆☆ | 份量：4人份 | 最佳賞味期：現做現吃／冷藏2天

也有少女心米苔目

 材料

A 紅色麵糰
在來米粉……100g
冷開水……120g
紅麴粉……5g
太白粉……10g

B 紫色麵糰
在來米粉……100g
冷開水……120g
紫薯粉……5g
太白粉……10g

C 綠色麵糰
在來米粉……100g
冷開水……120g
艾草粉……5g
太白粉……10g

紅麴粉————
艾草粉————
————紫薯粉

152

【玩出顏色】

1 將A材料全部放入鍋中混合均勻，以中小火炒成黏稠的濕軟糰狀程度後離火，即為紅色麵糰。

2 將B材料全部放入鍋中混合均勻，以中小火炒成黏稠的濕軟糰狀程度後離火，即為紫色麵糰。

3 將C材料全部放入鍋中混合均勻，以中小火炒成黏稠的濕軟糰狀程度後離火，即為綠色麵糰。

【煮熟】

   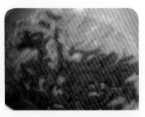

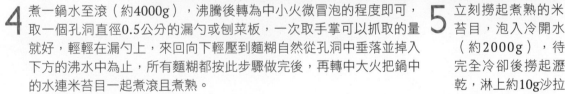

4 煮一鍋水至滾（約4000g），沸騰後轉為中小火微冒泡的程度即可，取一個孔洞直徑0.5公分的漏勺或刨菜板，一次取手掌可以抓取的量就好，輕輕在漏勺上，來回向下輕壓到麵糊自然從孔洞中垂落並掉入下方的沸水中為止，所有麵糊都按此步驟做完後，再轉中大火把鍋中的水連米苔目一起煮滾且煮熟。

5 立刻撈起煮熟的米苔目，泡入冷開水（約2000g），待完全冷卻後撈起瀝乾，淋上約10g沙拉油防沾黏，即可放入袋中冷藏保存。

Point 小叮嚀

● 紫薯粉、紅麴粉、艾草粉可以用任何喜愛的天然色粉做取代（例如：薑黃粉、南瓜粉等），就能做出多款不同顏色的米苔目。
● 淋上冰涼或熱熱的黑糖水（黑糖：水=30：100一起煮滾即成），就是簡單好吃的台式甜品。

難易度：★★☆☆☆ | 份量：4人份 | 最佳賞味期：現做現吃 / 冷藏5天

非常好用雙色麵條

材料

A 綠色麵糰
中筋麵粉……250g
小松菜泥……85g（P.31）
鹽……2.5g

B 黃色麵糰
中筋麵粉……250g
南瓜泥……85g（P.23）
鹽……2.5g

C 其他
中筋麵粉……30g

小松菜泥

南瓜泥

【玩出顏色】

1 將A材料全部混合拌勻成雪花片狀，再揉成團狀（不用太均勻）。
將B材料全部混合拌勻成雪花片狀，再揉成團狀（不用太均勻），
形成綠色麵糰、黃色麵糰，包上保鮮膜，靜置鬆弛30分鐘。

做法接續下一頁 ➔

Point

小叮嚀

- 小松菜泥可以任何喜愛的蔬菜泥替換（例如：南瓜泥、枸杞泥等），就能做出多款
不同色彩的麵條。
- 若沒有壓麵機，可以用擀麵棍慢慢擀壓，也能做出相近的效果，擀成薄皮後，以利
刀切成寬度1公分的麵條，再撒上薄薄中筋麵粉防沾即完成。

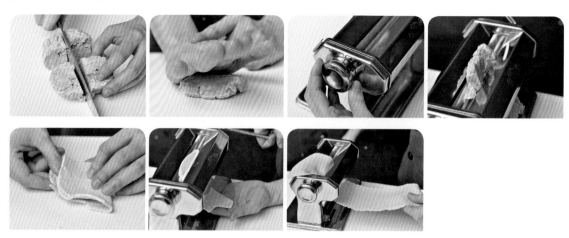

2 將鬆弛完成的綠色麵糰分成4份，先稍微壓平後，用壓麵機擀製，從最大刻度開始反覆折壓，每團都至少折壓10次後，再將壓麵機的厚度開始慢慢降低，以及重複折壓到麵皮厚度為0.1公分即止。

【製作麵條】

3 將鬆弛完成的黃色麵糰分成4份，先稍微壓平後，用壓麵機擀製，從最大刻度開始反覆折壓，每團都至少折壓10次後，再將壓麵機的厚度開始慢慢降低，以及重複折壓到麵皮厚度為0.1公分即止。

4 擀壓好的麵皮以壓麵機的切割功能，切割出喜歡的麵條寬度，再撒上一層薄薄材料C的中筋麵粉防沾即完成。

| 難易度：★★ | 份量：6人份 | 最佳賞味期：現做現吃 / 冷藏2天 |

清涼彩色日式蕎麥麵

材料	A 綠色麵糰	C 醬汁
	蕎麥粉……200g	水……1000g
	高筋麵粉……50g	柴魚片……5g
	艾草粉……10g	薄鹽醬油……500g
	熱開水……20g	二砂糖……100g
	冷開水……70g	味醂……130g
		清酒……20g
	B 紅色麵糰	
	蕎麥粉……200g	D 其他
	高筋麵粉……50g	青蔥（切末）……5g
	紅麴粉……10g	海苔絲……3g
	熱開水……20g	熟白芝麻……3g
	冷開水……70g	高筋麵粉……適量

艾草粉　　　　　　　　紅麴粉

【基本準備】

1 **製作柴魚高湯：**取材料C水煮滾，放入5g柴魚片，立刻關火，蓋上鍋蓋，燜約10分鐘後瀝出柴魚片即為柴魚高湯，取500g備用。

2 **製作醬汁：**材料C其他材料與500g柴魚高湯混合拌勻，煮滾後放涼或冷藏備用。

【玩出顏色】

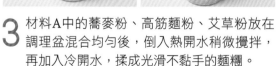

3 材料A中的蕎麥粉、高筋麵粉、艾草粉放在調理盆混合均勻後，倒入熱開水稍微攪拌，再加入冷開水，揉成光滑不黏手的麵糰。

4 材料B中的蕎麥粉、高筋麵粉、紅麴粉放在調理盆混合均勻後，倒入熱開水稍微攪拌，再加入冷開水，揉成光滑不黏手的麵糰。

5 將綠色麵糰、紅色麵糰包上保鮮膜，鬆弛15～20分鐘，各別分成3份。

【製作麵條】

6 取綠色麵糰先稍微壓平後，用壓麵機擀製，從最大刻度開始反覆折壓，每團都至少折壓10次後，再將壓麵機的厚度開始慢慢降低，以及重複折壓到麵皮厚度為0.1公分即止。

7 取紅色麵糰先稍微壓平後，用壓麵機擀製，從最大刻度開始反覆折壓，每團都至少折壓10次後，再將壓麵機的厚度開始慢慢降低，以及重複折壓到麵皮厚度為0.1公分即止。

8 將壓好的麵皮撒上少許材料D的高筋麵粉防沾，折疊起來，以利刀切成寬度約0.5公分的麵條。

做法接續下一頁 →

【煮熟】

9 做好的蕎麥麵條放入滾水中,以大火煮滾後約40秒鐘,加入一碗冷水,待再次沸騰後立刻撈起,隨即泡入冷開水中漂洗並降溫,撈起後瀝乾即可盛盤,撒上海苔絲、青蔥末、熟白芝麻,搭配做法2醬汁一起享用。

Point
小叮嚀

- 沒有使用完的柴魚高湯,可以倒入製冰盒中冷凍保存,使用前完全解凍即可。
- 若沒有壓麵機,用擀麵棍慢慢擀壓也可以做出相近的效果。
- 此配方與正統日式蕎麥麵相同,蕎麥粉與高筋麵粉比例為4:1,所以麵條口感不像台式或義式的麵條講求彈牙,而是較脆(易斷),不宜久煮,所以燙煮時間非常短。若是希望口感更偏Q彈者,則將配方中蕎麥粉:高筋麵粉比例改為1:1,也就是蕎麥粉125g、高筋麵粉125g,其他配方及步驟不變。
- 蕎麥粉本身帶有淡淡的藍綠色,所以用天然色粉調色時,要選擇像配方中的艾草粉或紅麴粉等著色率好,加熱後上色會加深的天然色料,太淺的色料反而會讓麵條顏色顯得有點怪異。
- 冰鎮後撈起的蕎麥麵靜置3~5分鐘,口感會比剛撈起時好吃,稍微等它一下吧!

160

四色喜水餃

材料	A 綠色麵糰	C 黃色麵糰	E 內餡
	中筋麵粉……100g	中筋麵粉……100g	豬餃肉……600g
	鹽……少許（0.5g）	鹽……少許（0.5g）	青蔥……50g
	熱開水……30g	薑黃粉……5g	薑……5g
	菠菜泥……30g（P.27）	熱開水……30g	蒜頭……5g
		冷開水……30g	細砂糖……5g
	B 紅色麵糰		鹽……5g
	中筋麵粉……100g	D 紫色麵糰	醬油……10g
	鹽……少許（0.5g）	中筋麵粉……100g	白胡椒粉……（少許）0.5g
	紅麴粉……5g	鹽……少許（0.5g）	香油……少許
	熱開水……30g	紫色染料……5g（P.50）	
	冷開水……30g	熱開水……30g	
		冷開水……30g	

 ……菠菜泥   ……紫色染料   ……薑黃粉   ……紅麴粉

【製作內餡】

1 青蔥、薑切末；蒜頭去皮後切末。材料E所有材料放入調理盆，混合均勻，蓋上保鮮膜，放入冰箱冷藏備用。

【玩出顏色】

2 材料A的中筋麵粉、鹽放入調理盆，先將熱開水沖進中筋麵粉，以筷子稍微攪拌後，加入菠菜泥，揉成均勻光滑的麵糰。

3 材料B的中筋麵粉、鹽、紅麴粉放入調理盆，先將熱開水沖進中筋麵
粉，以筷子稍微攪拌後，再揉成均勻光滑的麵糰。

4 材料C的中筋麵粉、鹽、薑黃粉放入調理盆，先將熱開水沖進中筋麵
粉，以筷子稍微攪拌後，再揉成均勻光滑的麵糰。

5 材料D的中筋麵粉、鹽、紫色染料放入調理盆，先將熱開水沖進中筋
麵粉，以筷子稍微攪拌後，再揉成均勻光滑的麵糰。

6 接著將全部四種顏
色的麵糰，覆蓋一
層保鮮膜，鬆弛30
分鐘。

【分切麵糰】

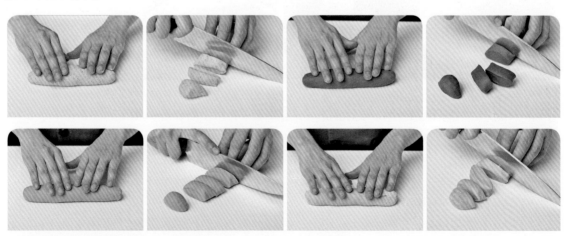

7 鬆弛完成的四色麵糰，各別搓成長度約10公分的圓條狀，以利刀將每條切寬約1公分的小麵
糰，每色共10份，所以四色共40份小團。

【擀麵皮】

8 以擀麵棍將每種顏色小麵糰擀成直徑約7公分的圓形，擀之前可以撒一些中筋麵粉防沾。

【包入內餡】

9 將擀好的水餃皮包入豬肉餡（每個約16～18g），捏緊邊緣後（可沾點水幫助黏合），然後做出摺子，依序包完所有水餃備用。

【煮熟】

10 準備一鍋沸水，將四色水餃放入沸水，以大火煮到浮起後，倒入一碗冷水，待重新沸騰後再重複倒入一碗冷水，待水重新沸騰，水餃全都浮起來就能撈起食用。

Point 小叮嚀

- 內餡可以依照個人喜好調整，豬肉可以換成高麗菜或鮮蝦。
- 菠菜泥能用任何喜愛的同量蔬菜泥替換（例如：南瓜泥、枸杞泥等），就可以做出多款不同顏色的水餃。
- 紅麴粉、薑黃粉可以其他喜歡的天然色粉替換（例如：艾草粉、紫薯粉），就能做出多款不同色彩的水餃。

沁涼舒暢凍點冰品

粉嫩多樣、讓人眼花撩亂的凍點、冰品，總是能在煩燥悶熱的時刻，讓人心情特別好。從一個人獨自優雅品味的日式羊羹，到舉辦熱鬧派對最適合的菲式哈囉哈囉，這些冰點都能滿足不同的聚會場合，最重要的是，它們都是用天然原料製作，能舒緩身心的渴，卻也不用煩惱有沒有吃進一肚子色料，讓您在任何季節，都能安心享受！

難易度：★☆☆☆☆ | 份量：6人份 | 最佳賞味期：現做現吃 / 冷凍3～4天

凍吃凍水果雪酪

Point
小叮嚀

- 不吃蜂蜜者，直接選擇海藻糖取代蜂蜜。
- 可以在果泥中添加少許檸檬皮，能增加香氣。
- 若選用熟透或冷凍再解凍的水果丁，做法1中煮的時間則改為3～5分鐘。
- 本配方已為減甜配方，嗜甜的朋友可以將海藻糖全部替換成細砂糖。
- 水果可以鳳梨、芒果、西瓜、其他莓果類替換，非當季時，即使用冷凍水果也沒有問題。
- 白蘭地可以蘭姆酒或白威士忌替換，但記得酒類份量請勿擅自增加，太多的酒精會讓雪酪無法凝固。若是給孩童吃、不飲酒者，則可以省略酒。

166

材料

A 草莓糖泥
草莓果泥……400g
海藻糖……150g
冷開水……200g
蜂蜜……50g
檸檬汁……40g
白蘭地……50g

B 荔枝糖泥
荔枝果泥……400g
海藻糖……150g
冷開水……200g
蜂蜜……50g
白蘭地……50g
奇異果
（綠色果肉，去皮）……400g

C 黑醋栗糖泥
黑醋栗果泥……400g
海藻糖……150g
冷開水……200g
蜂蜜……50g
檸檬汁……40g
白蘭地……50g

草莓果泥

荔枝果泥

黑醋栗果泥

【玩出顏色】

1 材料A的草莓果泥、海藻糖、冷開水、蜂蜜一起放入鍋中，以大火煮沸，邊煮邊拌續煮1～2分鐘，直到海藻糖完全融化，加入檸檬汁，以食物調理棒打成泥狀，過篩一次即為荔枝糖泥。

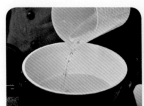   

2 材料B的荔枝果泥、海藻糖、冷開水、蜂蜜一起放入鍋中，以大火煮沸，邊煮邊拌續煮1～2分鐘，直到海藻糖完全融化，加入檸檬汁，以食物調理棒打成泥狀，過篩一次即為草莓糖泥。

做法接續下一頁 →

【玩出顏色】

3 材料C的黑醋栗果泥、海藻糖、冷開水、蜂蜜一起放入鍋中，以大火煮沸，邊煮邊拌續煮1～2分鐘，直到海藻糖完全融化，加入檸檬汁，以食物調理棒打成泥狀，用篩網過篩一次即為黑醋栗糖泥。

【冷凍刮鬆】

4 將過篩的三色果泥分別倒入稍微有深度的器皿，拌入白蘭地，然後放入冷凍庫冰至凝固。

5 每隔30分鐘取出果泥冰，用叉子或湯匙攪拌刮鬆，再放回冷凍庫冰。

6 重複刮鬆、冷凍5～6次後，即可裝進加蓋的容器中，食用前再以湯匙挖取到杯子即可。

多色 Q 彈粉圓

材料	A 咖啡色麵糰	B 藍色麵糰	C 黃色麵糰
	地瓜粉……25g	地瓜粉……25g	地瓜粉……25g
	太白粉……25g	太白粉……25g	太白粉……25g
	黑糖……15g	細砂糖……15g	細砂糖……15g
	熱開水……35g	熱開水……35g	熱開水……35g
		藍色染料……2g（P.49）	黃色染料（梔子果實）……2g（P.46）

D 糖水
冷開水……500g
細砂糖……25g
太白粉……30g

黑糖水 ── 黃色染料
── 藍色染料

【基本準備】 ── 【玩出顏色】

1 **準備糖水：** 材料D冷開水倒入鍋中，加入細砂糖，煮到沸騰且細砂糖完全融化，關火後放涼備用。

2 材料A的地瓜粉與太白粉混合均勻，將黑糖與熱開水一起煮滾，趁熱沖進剛剛粉類中，快速混合後揉成光滑團狀。

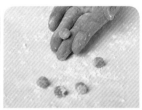

3 咖啡色粉糰上下各蓋上1張保鮮膜防沾，用擀麵棍將粉糰擀壓成厚度約0.7公分橢圓形，翻開上層保鮮膜，均勻撒上一層薄薄材料D太白粉，用利刀切成寬約0.7公分長條，再將長條切成0.7公分丁狀粉糰，將切好的粉糰搓圓，然後滾上一層薄薄太白粉防沾即完成。

Point
小叮嚀

- 沖入乾粉類的水一定要剛沸騰立即沖入，熱開水一旦降溫，則粉糰就搓不出效果。
- 不立刻食用時，則做法揉好的粉圓可以乾燥後冷藏或冷凍保存，烹煮前不需要解凍就能直接放入滾水煮。

   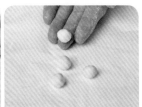

4 材料B的地瓜粉與太白粉混合均勻，將細砂糖、熱開水、藍色染料一起煮滾，趁熱沖進剛剛粉類中，快速混合後揉成光滑團狀。藍色粉糰上下各蓋上1張保鮮膜防沾，用擀麵棍將粉糰擀壓成厚度約0.7公分橢圓形，翻開上層保鮮膜，均勻撒上一層薄薄材料D太白粉，用利刀切成寬約0.7公分長條，再將長條切成0.7公分丁狀粉糰，將切好的粉糰搓圓，然後滾上一層薄薄太白粉防沾即完成。

  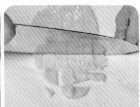 

5 材料C的地瓜粉與太白粉混合均勻，將細砂糖、熱開水、黃色染料一起煮滾，趁熱沖進剛剛粉類中，快速混合後揉成光滑團狀。黃色粉糰上下各蓋上1張保鮮膜防沾，用擀麵棍將粉糰擀壓成厚度約0.7公分橢圓形，翻開上層保鮮膜，均勻撒上一層薄薄材料D太白粉，用利刀切成寬約0.7公分長條，再將長條切成0.7公分丁狀粉糰，將切好的粉糰搓圓，然後滾上一層薄薄太白粉防沾即完成。

【煮熟】

6 將完成的粉圓放進沸騰的水中，以中大火煮約25分鐘至外圍產生透明感後關火，續燜10分鐘。撈起1個試吃，中心沒有生粉味即可撈起，放入冷開水冷卻後撈出瀝乾，泡入做法1糖水，充分拌勻防沾黏，可以直接食用或是搭配茶飲、鮮奶或冰品一起食用。

Point
小叮嚀

- 完全乾燥後的粉圓可以在要煮的前一晚先浸泡在淡糖水中，隔天直接煮不用換水，效果更佳。
- 此配方為淡糖水比例，水：細砂糖＝1000：50；喜歡吃甜者，則濃糖水比例為水：細砂糖＝100：30。

| 難易度：★★☆☆☆ | 份量：6人份/長18×寬9×高6公分蛋糕模1個 | 最佳賞味期：現做現吃/冷藏3天 |

也想疊羅漢雙色羊羹

材料

A 紅豆沙洋羹漿
洋菜粉（寒天粉）……5g
冷開水……240g
海藻糖……60g
透明水麥芽……10g
紅豆沙……120g（P.42）

B 南瓜泥洋羹漿
洋菜粉（寒天粉）……5g
冷開水……240g
海藻糖……60g
透明水麥芽……10g
南瓜泥……120g（P.23）

C 其他
沙拉油……10g

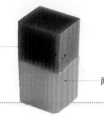

紅豆沙
南瓜

【基本準備】

1 在蛋糕模內側底部與四周抹上一層薄薄材料C沙拉油防沾。

【製作羊羹漿】

2 將材料A洋菜粉與冷開水混合均勻後，以大火煮到洋菜粉完全融化，加入海藻糖、水麥芽，轉小火邊煮邊拌，煮到海藻糖完全融化即為羊羹漿，分2～3次加入紅豆沙，完全均勻後繼續煮到濃稠並帶有光澤為止。

做法接續下一頁 →

【製作羊羹漿】

3 將做法2的羊羹漿倒入蛋糕模，並抹平，稍微敲一下，使羊羹漿更平整，待降溫並且稍微凝固。

4 將材料B洋菜粉與冷開水混合均勻後，以大火煮到洋菜粉完全融化，加入海藻糖、水麥芽，轉小火邊煮邊拌，煮到海藻糖完全融化即為羊羹漿，分2～3次加入南瓜泥，完全均勻後繼續煮到濃稠並帶有光澤為止。

【入模組合】

5 再填入紅豆羊羹上，整平表面，降溫後冷藏至少4小時或隔夜凝固，即可扣出，分切適合大小食用。

Point
小叮嚀

- 此配方已為減甜配方，嗜甜的朋友可以將海藻糖全部替換成細砂糖。
- 透明無色的水麥芽沒有傳統茶色麥芽糖的香氣，主要用途多運用在不被影響顏色的點心，例如：牛軋糖。

粉紅櫻花 水信玄餅

材料	A 果凍液	B 其他
	鹽漬櫻花……4朵	熟黃豆粉……20g
	晶亮果凍粉……4g	黑糖醬汁……100g（P.34）
	細砂糖……10g	
	冷開水……200g	
	紅色染料……1g（P.44）	

紅色染料

【基本準備】

1 鹽漬櫻花用冷開水重複浸泡，以清除鹹味。

【製作果凍液】

2 晶亮果凍粉與細砂糖混合均勻後，慢慢加入冷開水中，邊攪拌邊加熱到沸騰後關火，等待稍微降溫，取1/4份量果凍液（50g）倒入4個模具中。

3 取出鹽漬櫻花，用厚紙巾吸乾水分，櫻花蒂頭向上、花面向下的方式，用竹籤將櫻花慢慢戳壓到做法2模具中。

【玩出顏色】

4　再取50g果凍液，滴入2滴紅色染料（約0.2g），稍微混合均勻，不需等待第一批倒入的果凍液凝結，直接將第二批凍液平均倒入4個模具中。接著取50g果凍液，滴入3滴紅色染料（約0.3g），稍微混合均勻，不需等待第一、二批倒入的果凍液凝結，直接將第三批凍液平均倒入4個模具中。

【脫模】

5　最後的50g果凍液，滴入5滴紅色染料（約0.5g），稍微混合均勻，不需等待第一、二；三批倒入的果凍液凝結，直接將第四批凍液平均倒入4個模具中，栓上模具附的塞子，然後冷藏約30分鐘凝固，或等待果凍液完全冷卻為止。

【扣出】

6　食用前取一玻璃碗，將完成的水信玄餅扣出（櫻花綻開面朝上），搭配熟黃豆粉與黑糖醬汁食用即可。

Point
小叮嚀

- 鹽漬櫻花為增加美觀用，可以省略不用。
- 各家廠牌的晶亮果凍粉對水的比例會有些微差異，使用前請先看一下包裝說明，並確認比例。
- 若沒有熟黃豆粉，則用生黃豆粉，用平底鍋小火慢慢炒至由乳黃色轉為傳統麵茶的顏色即可放涼使用。
- 水信玄餅專用球狀模具，可以到烘焙材料行購買，如果沒有此專用模具，則能選擇個人喜歡或方便取得的模具操作即可。

難易度：★★★★☆ | 份量：10～12人份 | 最佳賞味期：粉圓與蜜紫山藥泥冷藏3天 / 其他品項冷藏7天

哈囉哈囉菲嘗好冰友

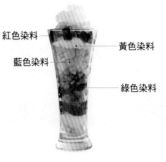

紅色染料
黃色染料
藍色染料
綠色染料

材料

A 蜜椰肉
椰子肉（新鮮）……150g
海藻糖……100g
冷開水……150g

B 蜜地瓜
地瓜（去皮，黃肉或紅肉）
……150g
海藻糖……150g
冷開水……300g

C 蜜冬瓜
冬瓜（去皮去囊籽）……150g
海藻糖……150g
冷開水……300g
黃色染料（梔子果實）
……3g（P.46）

D 粉圓（藍色）
太白粉……40g
地瓜粉……40g
細砂糖……24g
熱開水……56g
藍色染料……2g（P.49）

E 粉圓（黃色）
太白粉……40g
地瓜粉……40g
細砂糖……24g
熱開水……56g
黃色染料（梔子果實）
……2g（P.46）

F 蜜白豆
白鳳豆……150g
水……1500g
海藻糖……150g

G 蜜紫山藥泥
紫山藥（去皮）……200g
海藻糖……50g
椰奶……150
煉乳……40g
無鹽奶油……30g

H 蜜綠豆
綠豆……150g
水……1500g
海藻糖……150g

I 蜜芭蕉
綠色芭蕉
（去皮，或綠色香蕉）……300g
海藻糖……150g
冷開水……

J 蜜棕櫚果
棕櫚果罐頭（海底椰）
……
冷開水……250g
海藻糖……200g
綠色染料……5g（P.48）

K 烤布丁
全蛋……4個
細砂糖……80g
動物性鮮奶油……250g
牛奶……250g
無鹽奶油……適量

L 洋菜果凍
細砂糖……25g
洋菜粉（寒天粉）……12g
冷開水……600g
紅色染料……5g（P.44）

M 蜜玉米粒
新鮮玉米粒（或玉米粒罐頭）
……250g
冷開水……1500g
細砂糖……20g

N 蜜椰果
冷開水……1500g
細砂糖……20g
椰果罐頭……250g

O 炒米香
無糖米香……50g

P 其他
碎冰……3000g

做法接續下一頁 →

【製作配料】

 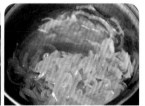

1 **製作蜜椰肉**：椰子肉切條，與其他材料A一起放入鍋中煮沸後，轉小火續煮約20分鐘，關火，冷卻後冷藏備用。

2 **製作蜜地瓜**：地瓜切成1公分正方塊，與其他材料B一起放入鍋中煮沸後，轉小火續煮約15分鐘，關火，冷卻後冷藏備用。

3 **製作蜜冬瓜**：冬瓜切成絲，與其他材料C一起放入鍋中煮沸後，轉小火續煮約15分鐘，加入黃色染料炒均勻，關火，冷卻後冷藏備用。

Point
小叮嚀

- 這是菲律賓最著名的冰品，雖然配料達十多種（在當地甚至更多），但是其處理步驟都不複雜，只是配料多了點。可以和好友們一起準備，也可以依照個人喜好只選擇喜歡的配料製作，非常適合做為夏日的吸睛派對冰品，喜歡甜食的朋友，可以額外淋上煉乳一起食用。
- 棕櫚果又稱海底椰，棕櫚果去殼後，以糖水煮熟再封罐，主用用途為台灣及東南亞冰品的配料，口感類似椰果，使用前先瀝出糖水。
- 海藻糖為非還原性糖類（不會起梅納反應的意思），甜度相當於蔗糖的45%，多用於替代細砂糖之用途。

4 **製作藍色粉圓：**材料D地瓜粉與太白粉混合均勻，將細砂糖、熱開水、藍色染料一起煮滾，趁熱沖進剛剛粉類中，快速混合後揉成光滑團狀。藍色粉糰上下各蓋上1張保鮮膜防沾，用擀麵棍將粉糰擀壓成厚度約0.7公分橢圓形，翻開上層保鮮膜，均勻撒上一層薄薄材料D太白粉，用利刀切成寬約0.7公分長條，再將長條切成0.7公分丁狀粉糰，將切好的粉糰搓圓，然後滾上一層薄薄太白粉防沾即完成。

   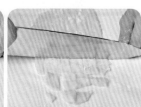

5 **製作黃色粉圓：**材料D地瓜粉與太白粉混合均勻，將細砂糖、熱開水、黃色染料一起煮滾，趁熱沖進剛剛粉類中，快速混合後揉成光滑團狀。黃色粉糰上下各蓋上1張保鮮膜防沾，用擀麵棍將粉糰擀壓成厚度約0.7公分橢圓形，翻開上層保鮮膜，均勻撒上一層薄薄材料D太白粉，用利刀切成寬約0.7公分長條，再將長條切成0.7公分丁狀粉糰，將切好的粉糰搓圓，然後滾上一層薄薄太白粉防沾即完成。將完成的粉圓放進沸騰的水，以中大火煮約25分鐘至外圍產生透明感後關火，續燜10分鐘，放入冷開水冷卻後撈出，泡入少許糖水（配方見P.170），充分拌勻備用。

做法接續下一頁 →

【製作配料】

 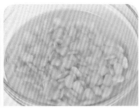  

6 **製作蜜白豆：**洗乾淨的白鳳豆與水一起浸泡一夜，白鳳豆連同水一起加熱，並加入海藻糖一起煮滾後，轉小火續煮45分鐘，直到拿出一個豆子輕壓，感覺鬆軟即可將豆子從鍋中撈出瀝乾，冷藏備用。

  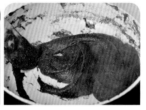

7 **製作蜜紫山藥泥：**用蒸或水煮方式將紫山藥煮至熟透鬆軟，接著稍微切成小塊，與海藻糖、椰奶一起放進食物調理機，攪打成泥。將紫山藥泥倒入鍋中，加入煉乳、室溫軟化的無鹽奶油，一起用小火煮到紫山藥泥呈現濃稠糊狀為止，完成後倒入淺盤中，冷卻後冷藏備用。

8 **製作蜜綠豆：**將洗乾淨的綠豆與水一起浸泡一夜，綠豆連同水一起加熱，並加入海藻糖一起煮滾後，轉小火續煮45分鐘，直到拿出一個豆子輕壓，感覺鬆軟即可將豆子從鍋中瀝出瀝乾，冷藏備用。

9 **製作蜜芭蕉**：將綠色芭蕉去皮後橫切兩半後，再縱切成約厚度0.5公分小塊，與其他材料H一起放入鍋中，煮沸後轉小火續煮10～12分鐘後關火，冷藏備用。

10 **製作蜜棕櫚果**：濾除罐頭內棕櫚果的水分，再切成1公分小丁，連同冷開水、海藻糖與綠色染料，一起煮滾後，轉小火續煮15分鐘，直到感覺糖漿變得黏稠後關火，冷藏備用。

11 **製作烤布丁**：烤箱請先預熱至150℃；布丁模內側抹上薄薄一層無鹽奶油，備用。

12 全蛋與細砂糖一起打散（不需要打發）後，和牛奶、動物性鮮奶油一起混合拌勻，用篩網過篩兩次，再倒入布丁杯模（直徑8×高4公分烤模6個），放入深烤盤，烤盤倒入1公分高的熱水，放入烤箱，烘烤1小時至熟，取出後放涼，冷藏備用（食用前再扣出）。

做法接續下一頁 →

13 **製作洋菜果凍：**細砂糖混合洋菜粉，加入冷開水中拌勻，以中小火慢慢煮至沸騰，看到洋菜粉完全融化，滴入紅色染料調色，再將洋菜液倒入長18×寬9×高6公分蛋糕模中冷卻，待完全凝固後脫模，切成1.5公分正方塊，冷藏備用。

14 **製作蜜玉米粒：**玉米粒、冷開水、細砂糖一起放入鍋中，以大火煮沸，即可從鍋中瀝出玉米粒，冷藏備用。

15 **製作蜜椰果：**冷開水、細砂糖一起放入鍋中，以大火煮沸，快速將椰果放入鍋，汆燙5～10秒鐘後瀝出椰果，冷藏備用。

16 **製作炒米香：**將米香放入乾淨無油的炒鍋中，以中小火翻炒10分鐘，直到表面微微上色後即可關火，盛出放涼備用。

【組合盛杯】

17 取1個寬口高腳杯，隨個人喜好選擇配料及順序，堆疊在杯中約八分滿，然後在上面鋪滿碎冰，食用前稍微混合拌一拌。（也可以挑選寬口玻璃碗裝盛，更方便食用）

非你想像水果優格冰淇淋

材料	鳳梨果肉……200g 芒果果肉……200g 覆盆子果肉……200g 原味優格……210g

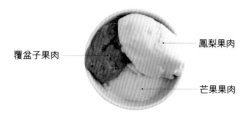

覆盆子果肉　　鳳梨果肉　　芒果果肉

【玩出顏色】

1 鳳梨果肉放入食物調理機，攪打成泥，再填入製冰盒，冷凍至少4小時或隔夜至變硬。

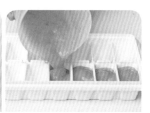

2 芒果果肉放入食物調理機，攪打成泥，再填入製冰盒，冷凍至少4小時或隔夜至變硬。

3 覆盆子果肉放入食物調理機，攪打成泥，過篩去籽，再填入製冰盒，冷凍至少4小時或隔夜至變硬。

4 原味優格填入製冰盒，冷凍至少4小時或隔夜至變硬。

Point
小叮嚀

- 水果可以挑選香蕉、藍莓、草莓、奇異果等製作。
- 這款超簡單但是風味口感CP值超高的冰品，幾乎所有當令色彩鮮豔的水果都適合製作，可以趁喜歡的水果正當季最便宜的時期，將水果冷凍起來備用，就可以一年四季享受到不同風味的健康冰淇淋囉！
- 除了現打現吃，可以裝進容器中冷凍保存。因為沒有添加乳化劑或鮮奶油，食用前記得先放在室溫下約30分鐘稍微回軟後再挖取，才有最佳口感。

【攪打成霜】

5 將冷凍優格分3份，1份和鳳梨冰塊一起放入食物調理機，攪打成濃稠的霜狀；1份和芒果冰塊一起放入食物調理機，攪打成濃稠的霜狀；1份和覆盆子冰塊一起放入食物調理機，攪打成濃稠的霜狀。

【組合】

6 食用時用湯匙或冰淇淋勺各挖取一球，即可食用。

難易度：★★★★　　份量：6人份/長18×寬9×高6公分蛋糕模2個　　最佳賞味期：現做現吃/冷藏2天

日式流果子心太

材料	A	B	
	桂花蜜……560g	洋菜粉（寒天粉）……12g	
	檸檬汁……510g	冷開水……600g	
	冷開水……530g	藍色染料……3g（P.49）	

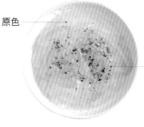

原色

藍色染料

【基本準備】 ┄┄┄┄ 【玩出顏色】┄┄┄┄┄┄┄┄┄┄┄┄┄┄┄┄┄┄┄┄┄┄

1 材料A所有材料攪拌均勻即為淋醬。

2 洋菜粉加入冷開水中攪散,以中小火煮至沸騰,並且洋菜粉完全融化為止,關火。

3 倒出一半的寒天液(約300g),趁熱加入藍色染料,混合均勻備用。

【入模】┄┄┄┄┄┄┄┄┄┄┄┄┄┄┄┄┄┄┄┄┄┄┄┄┄┄┄┄┄┄┄┄┄┄

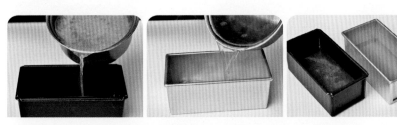

4 將兩色寒天液分別倒入蛋糕模中,降溫冷卻後即成為心太。

【脫模】┄┄┄┄┄┄┄┄┄┄┄┄┄┄┄┄┄┄┄┄┄┄┄┄┄┄┄┄┄┄┄┄┄┄

5 在食用前扣出,用刀切成0.3公分麵條,裝入深碗中,倒入淋醬拌勻,即可食用。

Point 小叮嚀 ┄┄┄┄┄┄

- 完成品可以用新鮮薄荷葉、櫻葉點綴。
- 洋菜粉又稱寒天粉,大部分應用在果凍或羊羹類點心,使用的比例為洋菜粉:水分＝1:50為佳。

多彩水漾慕斯蛋糕

Point
小叮嚀

- 染料顏色可以隨個人喜好挑選，變化更多不同色彩慕斯。
- 水果種類也能自行選購，但記得要把水分擦乾，以免釋出水分而影響糕體口感及定型。
- 梔子花有新鮮果實、乾燥兩種，是色素還未出來之前，台灣食品早期最天然黃色染料。
  乾燥梔子花果實是原生種單瓣梔子花的果實去皮乾燥而成，一年四季都可在中藥行購買
  到，用途與新鮮梔子果實一樣。

材料

A 水果
什錦水果罐頭……100g
奇異果果肉……80g
香吉士果肉……80g
蘋果……40g

B 餅乾底
消化餅乾……60g
無鹽奶油……15g

C 慕斯糊
吉利丁……11g
牛奶……130g
細砂糖……60g
檸檬汁……50g
動物性鮮奶油……260g

D 染料
紅色染料……3g（P.44）
藍色染料……3g（P.49）
黃色染料（梔子果實）……3g（P.46）
綠色染料……3g（P.48）

D 其他
洋菜粉（寒天粉）……2g
冷開水……100g
藍色染料……3g（P.49）

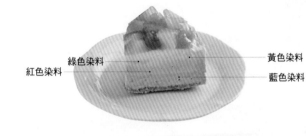

綠色染料　　　　黃色染料
紅色染料　　　　　　藍色染料

【基本準備】

1 水果罐頭瀝乾水分；奇異果果肉切丁；香吉士果肉切片，所有水果請用厚紙巾吸乾水分備用。

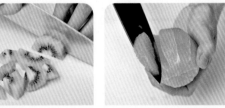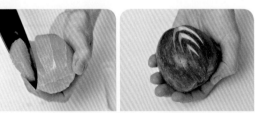

2 蘋果以左右各一刀的方式，重複3～4次切出蘋果造形裝飾（切完先放入鹽水能防止氧化現象）。

3 吉利丁片先以份量外的少許冰開水泡軟，擠乾水分；無鹽奶油加熱融化，備用。

做法接續下一頁 ➔

【基本準備】

4 消化餅乾裝進耐熱夾鏈袋中，用擀麵棍壓碎，加入融化的無鹽奶油混合均勻，然後倒進墊了烤盤的慕斯圈中，用手指壓平使密實。

【製作慕斯糊】

5 牛奶與細砂糖、軟化的吉利丁片放入鍋中，一起用小火加熱至細砂糖與吉利丁完全融化後，加入檸檬汁後關火並離開火源。

6 動物性鮮奶油用電動打蛋器攪打至九分發（鮮奶油稍稍挺立，但尖端會下垂的程度），先取少量打發鮮奶油拌入做法5中，再與剩下的打發鮮奶油混合，用橡皮刮刀輕輕拌勻即為慕斯糊。

【玩出顏色】

7 鮮奶油糊分成4份（每份約120g），分別拌進紅色染料、藍色染料、黃色染料、綠色染料，4色慕斯糊皆完成。

【入模】

8 依序將紅色慕斯糊（不要倒完保留一點點，約30g）、藍色（倒完）、綠色（倒完）、黃色（倒完）、紅色（剩下的全倒完）倒進慕斯圈中（慕斯圈邊緣要保留約1公分左右，做為擺放水果的空間，不要填滿），然後冷藏1～2小時（或冷凍40分鐘）至凝固。

9 取出凝固的慕斯，先不要脫模，將所有水果丁隨意混合擺於慕斯蛋糕表面。

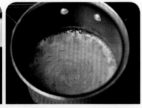

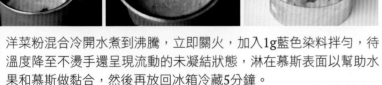

10 洋菜粉混合冷開水煮到沸騰，立即關火，加入1g藍色染料拌勻，待溫度降至不燙手還呈現流動的未凝結狀態，淋在慕斯表面以幫助水果和慕斯做黏合，然後再放回冰箱冷藏5分鐘。

【凝固脫模】

11 取出冷藏後的水果慕斯，用擰乾的熱毛巾圍住慕斯圈外圍30～60秒鐘後，即可輕鬆拿掉慕斯圈，食用前切片即可。

難易度：★★★★★　　份量：直徑6吋慕斯圈1個　　最佳賞味期：現做現吃／冷藏3天

同心圓免烤起司蛋糕

藍色染料

綠色染料

紅色染料

黃色染料

材料

A 奶油乳酪糊
奶油乳酪……300g
吉利丁片……6g
細砂糖……50g
檸檬汁……20g
動物性鮮奶油……200g

B 餅乾底
無鹽奶油……15g
消化餅乾……60g

C 染料
紅色染料……3g（P.44）
藍色染料……3g（P.49）
黃色染料（梔子果實）……3g（P.46）
綠色染料……3g（P.48）

【基本準備】

1 奶油乳酪放室溫軟化；吉利丁片先以份量外的少許冰開水泡軟，擠乾水分；無鹽奶油加熱融化，備用。

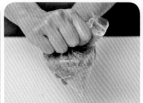

2 消化餅乾裝進耐熱夾鏈袋中，用擀麵棍壓碎，加入融化的無鹽奶油混合均勻，然後倒進墊了烤盤的慕斯圈中，用手指壓平使密實。

【製作奶油乳酪糊】

3 檸檬汁與細砂糖一起隔水加熱至細砂糖完全融化後，加入軟化的吉利丁片，攪拌至吉利丁完全融化後，關火，離開加熱火源。

4 奶油乳酪用電動打蛋器攪拌至呈現滑順無顆粒狀態後，分2～3次加入做法3中，混合拌勻。動物性鮮奶油用電動打蛋器攪打至九分發（鮮奶油稍稍挺立，但尖端會下垂的程度)，與做法3材料拌勻即為奶油乳酪糊。

做法接續下一頁 ➔

Point
小叮嚀

● 吉利丁片為豬骨或豬皮的膠質萃取物，應用在中西點心的凝結上（例如：慕斯或高湯凍），必須先泡冰水軟化後使用，使用比例為吉利丁片重量：水分＝1：40為宜。

● 染料顏色可以隨個人喜好挑選，變化更多不同色彩慕斯。

5 奶油乳酪糊分成4份（每份約140g），分別拌進紅色染料、藍色染料、黃色染料、綠色染料，4色慕斯糊皆完成，分別裝進拋棄式擠花袋，另一份原色奶油乳酪糊也裝進拋棄式擠花袋備用。

6 先取紅色乳酪糊（不要倒完保留一點點，約50g)擠入做法2慕斯圈底部，再換藍色乳酪糊，深入第一色乳酪糊中，以擠花袋的口要幾乎碰到模底的程度，擠完第二色，然後用同樣的方式將綠色、黃色乳酪糊填完，最後將剛剛留下的紅色乳酪糊擠入中心點，輕敲使表面平整，再放入冰箱冷藏1～2小時至凝固。

【凝固脫模】

7 取出冷藏後的起司蛋糕，用擰乾的熱毛巾圍住慕斯圈外圍30～60秒鐘後，即可輕鬆拿掉慕斯圈，食用前切片即可。

Part
6
濃厚情感中式點心

看著熱騰騰的蒸氣，逐漸飄來熟悉的香氣，很容易就為此著迷。許多傳統中式點心都給我們這樣相當舒心的記憶，印象以往的糕點份量通常非常大、色料也挺重，往往讓人望之卻步，在這個單元，已經將多款傳統中點，經過小小的技巧與天然色料的調整，讓它們外觀更加精緻卻不失傳統好味道，希望大家能做到「吃巧也能吃好」。

難易度：★★★☆☆ ｜ 份量：12個 ｜ 最佳賞味期：現做現吃

三色水煎包

材料

A 外皮
中筋麵粉……160g
低筋麵粉……160g
細砂糖……20g
乾酵母……3g
溫水……190g
沙拉油……15g
匈牙利紅椒粉……5g
艾草粉……5g
薑黃粉……5g

B 內餡
高麗菜……600g
鹽……5g
蝦皮……5g
油蔥酥……10g
白胡椒粉……適量

C 其他
沙拉油……1大匙
水……適量

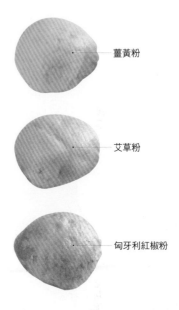
薑黃粉

艾草粉

匈牙利紅椒粉

【準備內餡】

1 高麗菜與鹽拌勻，稍微抓數下，待10分鐘後擰除多餘水分；蝦皮泡水後瀝乾，備用。

2 所有內餡材料混合均勻即為內餡。

做法接續下一頁 →

【製作外皮】

3 中筋麵粉、低筋麵粉、細砂糖、乾酵母與溫水一起混合均勻後揉成團,加入沙拉油,繼續揉成光滑不黏手的麵糰即可。

【玩出顏色】

4 將做法3的麵糰先滾成長條,再分成3份(每份約180g),接著一份揉進匈牙利紅椒粉、一份揉進艾草粉,另外一份揉進薑黃粉,變成顏色充分均勻的三色麵糰,蓋上保鮮膜,鬆弛30分鐘備用。

【包入內餡】

5 將鬆弛完畢的每一色麵糰各別分成4等份(每份約45g),以擀麵棍擀成直徑約8公分圓片。

6 再包入高麗菜內餡（約45g），將收口捏
緊後朝下擺放，依序完成所有包餡步驟。

【煎熟】

7 取一支平底鍋，鍋熱後倒入材料C沙拉油，將做法6的水煎包收口朝下緊密排進鍋中，煎到底
部開始有金黃焦色之後，在鍋中倒入深度約0.5公分的水，蓋上鍋蓋，用中火煎5分鐘到水分收
乾為止，就可以鏟出水煎包並盛盤。

Point
小叮嚀

- 配方中所使用的天然色粉，
可以任何喜愛的天然色粉替
換（例如：紅麴粉、紫薯粉
等），就可以做出多款不同
色彩的水餃。
- 內餡能依個人喜好更改調
整，例如加入絞肉或冬粉一
起拌勻。
- 匈牙利紅椒粉不會辣，但一
般的紅椒粉會辣，選購時要
注意前面要有「匈牙利」三
個字。

難易度：★★★☆☆ | 份量：30個 | 最佳賞味期：現做現吃

彩蔬小籠湯包

材料

A 肉凍
吉利丁片……5g
豬骨高湯……200g

B 蔥薑水
冷開水……100g
青蔥（切段）……40g
老薑（切片）……10g

C 內餡
豬絞肉（瘦）……200g
豬絞肉（肥）……50g
鹽……5g
細砂糖……10g
醬油……5g

D 外皮
中筋麵粉……250g
菠菜泥……130g（P.27）

E 沾醬
嫩薑（切絲）……10g
烏醋……10g

菠菜泥

【準備內餡】

 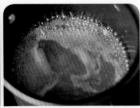  

1 製作肉凍：以吉利丁：豬骨高湯（或市售高湯罐頭）為1：40的比例製作。將吉利丁、高湯放入湯鍋，用大火煮到完全融化，蓋上保鮮膜，直接放入冰箱冷卻並結成凍狀即為肉凍，取120g切碎。

做法接續下一頁 →

【準備內餡】

2 **製作蔥薑水：** 將所有材料B一起放入果汁機，用食物調理機，攪打成泥，再過濾掉菜渣即為蔥薑水，取50g蔥薑水備用。

3 蔥薑水、所有豬絞肉、切碎的肉凍放入大的調理盆，混合均勻，加入鹽、細砂糖、醬油拌勻調味，放入冰箱冷藏備用。

【製作外皮】

4 中筋麵粉、菠菜泥混合均勻，再揉成光滑不黏手的麵糰，蓋上保鮮膜鬆弛30分鐘備用。

5 將做法3鬆弛完畢的麵糰先滾成長條，分成30份（每份約12.5g），以擀麵棍擀成直徑約6公分圓片。

【包入內餡】

6 再包入內餡（15g），捏成包子狀後將收口捏緊，依序完成所有包餡步驟。將完成的生小籠包放在鋪了濕蒸籠布或烘焙紙的蒸籠中。

【蒸熟】

7 用大火蒸8分鐘至熟後取出，再搭配拌好的材料E沾醬，趁熱享用（但小心燙口）。

Point
小叮嚀

- 未使用完的肉凍、蔥薑水，可以倒入製冰盒中結成冰塊保存，使用前完全解凍即可。
- 菠菜泥可以用任何喜愛的同份量蔬菜泥取代（例如：南瓜泥、枸杞泥等），就可以做出多款不同的彩色小籠包。若要用天然色粉替換，只要將菠菜泥的部分改成冷開水，混合喜歡的天然色粉10g，拌勻即可使用。

難易度：★☆☆☆☆ | 份量：3人份 | 最佳賞味期：現做現吃 / 冷藏3天

再來一碗粿

材料

A 配料
鹹蛋黃……2個
乾香菇……2朵
蝦皮……5g
沙拉油……20g
豬絞肉……100g
醬油……20g
細砂糖……5g
白胡椒粉……0.5g
油蔥酥……20g

B 小松菜泥粿糊
在來米粉……70g
地瓜粉……10g
小松菜泥……100g（P.31）
熱開水……220g

C 枸杞泥粿糊
在來米粉……70g
地瓜粉……10g
枸杞泥……100g（P.35）
熱開水……220g

D 淋醬
蒜泥……10g
醬油膏……40g
細砂糖……5g
熱開水……100g

E 裝飾
香菜……10g

小松菜泥
枸杞泥

【基本準備】

1 鹹蛋黃蒸熟後切半；乾香菇泡軟後切絲；蝦皮泡水後瀝乾；淋醬的所有材料混合拌勻，備用。

2 取少許份量外的沙拉油在飯碗內抹上一層油防沾黏。

【製作配料】

3 熱鍋，沙拉油倒入鍋中，用小火爆香蝦米及香菇後，放入豬絞肉炒熟，加入醬油、細砂糖、白胡椒粉炒香後，加入油蔥酥混合均勻備用。

做法接續下一頁 ➡

4 **製作小松菜泥粿糊：**在來米粉、地瓜粉、小松菜泥混合均勻，再沖入熱開水，攪拌成漿糊狀後，平均分配到3個碗中（大約至1/2碗）。

5 **製作枸杞泥粿糊：**在來米粉、地瓜粉、枸杞泥混合均勻，再沖入熱開水，攪拌成漿糊狀後，平均分配到做法4碗中（大約至九分滿）。

【蒸熟】

6 將做法5粿糊放入蒸籠，以大火蒸25～30分鐘後放涼，食用前用小刀或抹刀在粿的周圍劃一圈即可扣出，鋪上適量配料，淋上淋醬，並以香菜裝飾即可食用。

Point 小叮嚀

● 務必放涼再食用，因為剛蒸好的碗粿會太濕黏，所以不建議一蒸好就食用。
● 若要改為電鍋蒸，則粿糊放進內鍋中，外鍋倒入1量米杯水，蒸到電鍋跳起來後燜10分鐘即完成。

火紅豔陽紅龜粿

材料
A 外皮
糯米粉……150g
在來米粉……30g
紅麴粉……6g
水……130g

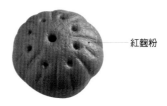
紅麴粉

B 內餡
紅豆餡……240g（P.41）

【製作外皮】

1 糯米粉、在來米粉、紅麴粉放入調理盆，加入水，用打蛋器攪拌均勻成為不黏手的粉糰，再搓成長條，分成6份即為外皮。

【準備內餡】

2 將紅豆餡分成6等份，分別稍微滾圓備用。

【包入內餡】

3 取1份外皮捏壓成為外薄內厚的圓形，然後包進1個紅豆餡，收口捏緊後輕輕滾圓，依序完成所有包餡步驟。

【塑形】

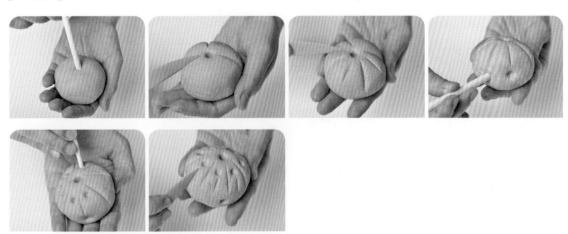

4 取一支圓形棒子，用其圓端在包好的粉糰中心上方輕輕壓出一個點做為中心點，然後用塑形刀或餐刀背面，由中心點向外壓出四道長壓痕，再於四道壓痕的中間壓出短壓痕，在長壓痕的末端以棒子各別輕壓出小洞，再於短壓痕間格處各輕壓出一個小洞，在間格的小洞下方再以塑形刀劃出短線即可，依序完成剩下的所有粉糰包餡與塑形步驟。

【蒸熟】

5 完成的粉糰各別墊上烘焙紙防沾，排入蒸籠中，以中大火蒸12鐘至熟即可取出。

Point

小叮嚀

● 在搓揉粉糰時，可另外預留一點點染成黃色或其他色系的粉糰，搓成小圓球後鑲在塑形好的紅龜粿中心的圓凹洞，成品會更討喜。

難易度：★★★★★ | 份量：直徑約6公分蛋糕紙模6杯 | 最佳賞味期：現做現吃 / 冷凍21天

好蒸氣發糕

材料

A 紅麴麵糊
蓬萊米粉……20g
低筋麵粉……35g
無鋁泡打粉……2g
細砂糖……12g
水……40g
紅麴粉……5g

C 紫薯麵糊
蓬萊米粉……20g
低筋麵粉……35g
無鋁泡打粉……2g
細砂糖……12g
水……40g
紫薯粉……5g

紅麴粉
抹茶粉
枸杞泥
紫薯粉

B 抹茶麵糊
蓬萊米粉……20g
低筋麵粉……35g
無鋁泡打粉……2g
細砂糖……12g
水……40g
抹茶粉……5g

D 枸杞麵糊
蓬萊米粉……20g
低筋麵粉……35g
無鋁泡打粉……2g
細砂糖……12g
枸杞泥……40g（P.35）

【製作麵糊】

1 材料A全部放入調理盆，混合拌勻即為紅麴麵糊。

2 材料B全部放入調理盆，混合拌勻即為抹茶麵糊。

做法接續下一頁 ➡

【製作麵糊】

3 材料C全部放入調理盆，混合拌勻即為紫薯麵糊。

4 材料D全部放入調理盆，混合拌勻即為枸杞泥麵糊。

5 將四個顏色的粉漿分別裝入擠花袋。

6 取6個布丁模（或拋棄式鋁模），裡面分別放入1張杯子蛋糕紙模，接著依序擠入紅麴麵糊、抹茶麵糊、紫薯麵糊、枸杞麵糊，擠的時候必須從紙模中間定點擠。

【蒸熟】

7 放入蒸籠中，用大火蒸15～17分鐘即完成。

Point
小叮嚀

● 發糕冷凍後先退冰，再用電鍋或蒸籠溫熱即可食用。
● 蒸製時，務必開大火，越是氣密而不漏蒸氣的狀態下，其蒸氣威力越強，越能將發糕蒸出漂亮的裂痕。

難易度：★★☆☆☆ | 份量：6～8人份 | 最佳賞味期：現做現吃 / 冷藏4天 / 冷凍21天

雙色抹茶地瓜圓

材料	A 粉糰	B 其他
	地瓜（蒸熟）……300g	抹茶粉……3g
	細砂糖 ……30g	黑糖醬汁……適量（P.34）
	地瓜粉……30g	
	太白粉……30g	

抹茶粉
原色

【 製作粉糰 】

1 地瓜趁蒸熱時加入細砂糖、地瓜粉與太白粉，揉成不黏手的生粉糰，再分成2份（每份約195g）。取1份生粉糰，加入抹茶粉，揉勻成為綠色生粉糰，就有兩個顏色的粉糰。

【 組合 】

2 將兩個粉糰分別搓成圓柱狀，再疊放一起，並以扭轉的方式重新結合成一條，繼續以邊旋轉邊搓長的方式搓成約大拇指粗的長條狀（切面直徑約1.5～2公分）。

3 用刀子將搓好的雙色粉糰切成長度約2公分的小粉糰,撒上少許份量外的太白粉防沾黏,雙色地瓜圓就完成了。

【煮熟】

4 將雙色地瓜圓輕輕放進沸水中,以大火煮到浮起且稍微膨脹的狀態,隨即撈起後瀝乾,立刻放入冰開水中冷卻,瀝乾水分,即可搭配黑糖醬汁一起食用。

Point
小叮嚀

● 抹茶粉也可以換成同份量的其他顏色粉,例如:紅麴粉、薑黃粉、紫薯粉等。
● 還沒煮的雙色地瓜圓,可以放入冰箱冷凍,並用密封蓋或保鮮膜覆蓋,以防表面乾裂。

難易度：★★☆☆☆ │ 份量：長18×寬9×高6公分蛋糕模1個 │ 最佳賞味期：現做現吃 / 冷凍30天

紫米南瓜年糕

材料	A 紫米年糕生料	B 南瓜年糕生料
	熟紫米……100g	南瓜泥……100g（P.23）
	水……125g	水……125g
	細砂糖……50g	細砂糖……50g
	糯米粉……100g	糯米粉……100g

南瓜泥

熟紫米

【基本準備】

1 先在蛋糕模鋪一層烘焙紙。

【年糕生料】

2 材料A的熟紫米與水放入食物調理機，攪打成糊狀；南瓜泥與水混合均勻，備用。

3 將紫米糊水與細砂糖拌至糖溶解，加入糯米粉拌勻成為紫米年糕生料。

做法接續下一頁 ➔

4 材料B的南瓜泥水與細砂糖拌至糖溶解,加入糯米粉拌勻成為南瓜年糕生料。

5 將紫米年糕生料全部倒入鋪烘焙紙的蛋糕模中,並抹平,接著將南瓜年糕生料隨意不規則倒在紫米年糕生料上,再取一支竹籤隨意勾拉8字形,讓南瓜年糕生料與紫米年糕生料形成大理石紋路。

【蒸熟】

6 再放入蒸籠中(冷水開始蒸),以大火蒸至水沸騰(開始看到蒸氣)後,續蒸40分鐘即完成,取出後待完全冷卻。

7 脫模後撕除烘焙紙,分切適合大小食用。

Point
小叮嚀

- 一定要從冷水開始蒸,才不會蒸出有外熟內生的年糕。
- 年糕冷凍後先退冰,再用電鍋或蒸籠溫熱即可食用。
- 熟紫米做法:內鍋放入1杯紫米,用1.2杯水浸泡1小時,然後外鍋倒入1杯水,按下開關,煮到電鍋開關自動跳起來即完成。沒用完的熟紫米可以裝入夾鍊袋,冷凍保存30天,使用前放於室溫待完全解凍即可使用。

古早味多彩粉粿

材料	A 黃色粉漿	B 藍色粉漿	C 其他
	細砂糖……50g	細砂糖……50g	沙拉油……少許
	水……220g	水……220g	黑糖醬汁……適量（P.34）
	黃色染料（梔子果實）……3g（P.46）	藍色染料……3g（P.49）	
	地瓜粉……45g	地瓜粉……45g	
	太白粉……15g	太白粉……15g	
	水……60g	水……60g	

藍色染料　　　　　　　　　　　　　　黃色染料（梔子果實）

【 製作粉漿 】

1　材料A的細砂糖、水、黃色染料一起煮沸；材料A的地瓜粉、太白粉與水，混合拌勻。將煮沸的染料糖水趁熱沖進粉漿中，用打蛋器充分攪勻即為黃色粉漿。

2　材料B的細砂糖、水、藍色染料一起煮沸；材料B的地瓜粉、太白粉與水，混合拌勻。將煮沸的染料糖水趁熱沖進粉漿中，用打蛋器充分攪勻藍色粉漿。

【入模】

3 在蛋糕模內的底部與四周刷上一層沙拉油防沾，將黃色粉漿填入蛋糕模，並抹平，然後將藍色粉漿填在黃色粉漿上，並抹平備用。

【蒸熟】

4 放入蒸籠中，以大火蒸20鐘後取出，待完全放涼（或稍微冷藏），稍微壓凝固的粉粿四周後扣出，用擦了少許沙拉油的刀子切成適合大小，可以淋上黑糖醬汁一起享用。

Point
小叮嚀

● 還沒切塊或未吃完的粉粿，可以放入冰箱冷藏，並用密封盒裝或保鮮膜覆蓋，以防表面乾裂。

難易度：★★★☆☆ ｜ 份量：6個 ｜ 最佳賞味期：現做現吃／冷藏4天

真正紫色芋頭酥

材料

A 水油皮
中筋麵粉……80g
糖粉……10g
無鹽奶油……30g
冷水……35g
紫薯粉……3g
艾草粉……3g

B 油酥
低筋麵粉……80g
無鹽奶油……40g

C 內餡
芋頭泥……240g（P.37）

紫薯粉
艾草粉

【基本準備】

1 烤箱請先預熱至190℃；芋頭泥分成6份，備用。

【製作水油皮】

2 中筋麵粉、糖粉、無鹽奶油與冷水放入調理盆，混合並揉成不黏手的團狀，分成兩份。

做法接續下一頁 ➡

【製作水油皮】

3 取1份揉進紫薯粉、1份揉進艾草粉,做出兩色不同的水油皮麵糰,
靜置15分鐘,各別分成3份(每份約25g)。

【製作油酥】

4 材料B所有材料混合並揉
成團,分成3份即為油酥
備用。

【製作油酥皮】

5 取1個紫色水油皮,在上方疊上1個綠色水油皮,稍微壓扁,然後包進1份油酥,收口捏緊,依
序完成其他5份。

【製作油酥皮】

6 取1個做法4油酥皮麵糰，以擀麵棍輕輕前後擀開成長約15公分的長橢圓片後，由外側端向內側端捲起，麵糰轉90度，再擀捲一次成為短柱狀，依序完成其他5份。

7 用利刀輕輕從每個擀捲完成的油酥皮麵糰中間切開，切面朝上放置，輕拍壓後擀成直徑約8公分圓片。

【包餡與烘烤】

8 依序包入芋頭泥，收口捏緊後朝下排入烤盤，放入烤箱，以190℃烘烤20～25分鐘至酥香且熟，即可取出放涼。

Point
小叮嚀

- 這款點心可用任何喜愛的天然色粉替換顏色。
- 不限制只能包芋頭泥，也可以換成紅豆沙、南瓜泥、地瓜泥等喜歡的餡料。

難易度：★★★☆☆ ｜ 份量：24個 ｜ 最佳賞味期：現做現吃 / 冷凍30天

童趣小甜心湯圓

材料

A 內餡
花生粉……50g
芝麻粉……50g
糖粉……60g
無鹽奶油……100g

B 外皮
糯米粉……300g
水……240g
紅麴粉……3g
抹茶粉……3g
薑黃粉……3g

紅麴粉
薑黃粉
抹茶粉

【 製作內餡 】

  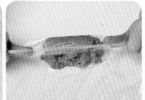 

1 **製作花生餡：**無鹽奶油放室溫軟化備用。花生粉、30g糖粉、50g無鹽奶油混合拌勻後，用保鮮膜包起來，並滾成約18公分長條狀，再放入冰箱冷凍10～15分鐘。

2 **製作芝麻餡：**芝麻粉、30g糖粉、50g無鹽奶油混合拌勻後，用保鮮膜包起來，並滾成約18公分長條狀，再放入冰箱冷凍10～15分鐘。

做法接續下一頁 →

【製作粉糰】

3 糯米粉與水混合成團後，取出約50g的粉糰放進沸水中煮至浮起來（俗稱粿母或粿粹），再撈
起後瀝乾水分，接著放回生粉糰中一起揉成均勻且有彈性的粉糰。

【玩出顏色】

4 粉糰分成3等份（每份180g），一份揉進紅麴粉、一份揉進抹茶粉、一份揉進薑黃粉，成為3
色粉糰。

【包裹層次】

5 將粉糰依下列重量分切成小粉糰，紅麴粉糰分成30g與150g、抹茶粉糰分成60g與120g、薑黃粉糰維持180g不用分。

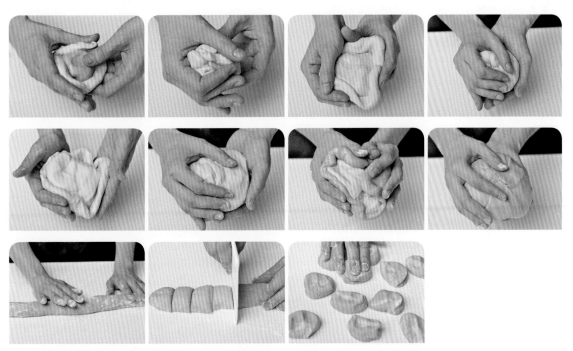

6 依如下順序包起來做出層次：紅麴粉糰30g、抹茶粉糰60g、薑黃粉糰180g、抹茶粉糰120g、紅麴粉糰150g，每包一層要確認收口有捏緊，然後將包完層次的粉糰滾成長度24公分長條狀後，切成24段，切面朝上稍微壓扁備用。

【分餡】

7 將兩款冷凍後的內餡分別切成長1.5公分小段，每一種口味切12個。

【包餡】

8 取做法6小粉糰，包入1個內餡後滾圓，依序完成所有包餡步驟，共24個，再滾上薄薄一層糯米粉防沾後即完成。

【煮熟】

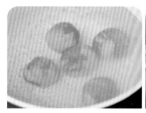 

9 食用前放入沸水中，以大火煮至浮起即可撈起享用。

Point
小叮嚀

● 尚未煮的湯圓，也可以放入冰箱冷凍保存。
● 任何喜歡的天然色粉都可以應用替換，變化出更多豐富的顏色。

Part

7

環遊世界異國點心

各國飲食文化都非常有趣，只要移動
到另一個國家，您就會發現，即便是小小
的點心都有很大的不同，而透過品嘗食物
時，體驗另一個國度背後的文化和風情，
更是別有一番滋味！即使忙碌沒有空出
國，也可以適時犒賞自己與家人，用這些
來自世界的天然彩色糕點，帶自己暫時抽
離忙碌生活，享受片刻的異國滋味！

難易度：★★★★★ ｜ 份量：6串 ｜ 最佳賞味期：現做現吃

花見日式草餅

小叮嚀

- 竹籤使用前，務必先以熱開水燙過後，再浸泡冷開水。
- 任何喜歡的天然蔬菜色粉都可以應用替換在這款點心。
- 熟太白粉指的是市面上外包裝標示「日本太白粉」，若買不到時，取一般太白粉，用烤箱140℃～150℃烘烤10～15分鐘，放涼就可以使用了。

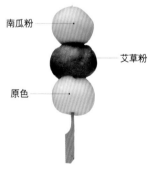

南瓜粉

艾草粉

原色

材料

A 綠色粉漿糰
在來米粉……30g
糯米粉……15g
純糖粉……7g
艾草粉……3g
水……45g

B 黃色粉漿糰
在來米粉……30g
糯米粉……15g
純糖粉……7g
水……45g
南瓜粉……3g

C 原色粉漿糰
在來米粉……30g
糯米粉……15g
純糖粉……7g
水……45g

D 其他
紅豆餡……150g（P.41）
黑糖醬汁……適量（P.34）
熟太白粉……適量

【玩出顏色】

1 材料A全部倒入耐熱器皿中,混合均勻成團,即為綠色粉漿糰。

2 材料B全部倒入耐熱器皿中,混合均勻成團,即為黃色粉漿糰。

 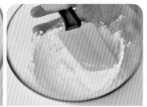

3 材料C全部倒入耐熱器皿中,混合均勻成團,即為白色粉漿糰(原色麵糰)。

【蒸熟】

4 將三色粉漿糰一起放入蒸籠中,以中大火蒸15~20分鐘到粉團呈現為透明的膨脹感。

5 蒸熟的綠色粉糰倒入調理盆,用電動打蛋器的中速,攪打約1分鐘使更柔軟,取出後放在撒了熟太白粉的平盤上,待稍微降溫,雙手沾冷開水防沾黏,將熟粉糰分為每個15g,黃色麵糰、白色麵糰也是以同樣方式處理。

【組合】

6 每個粉糰揉捏成圓球,每1支竹籤丸子各串上1個綠色、黃色、白色小粉糰,抹上紅豆餡或淋上黑糖醬汁即可食用。

| 難易度：★★☆☆☆ | 份量：12個 / 每色4個 | 最佳賞味期：現做現吃 / 冷藏2天 |

甜蜜桃三色大福

材料

A 原色粉漿糰
糯米粉……45g
玉米粉……5g
純糖粉……10g
水……75g

B 綠色粉漿糰
糯米粉……45g
玉米粉……5g
純糖粉……10g
抹茶粉……4g
水……75g

C 黃色粉漿糰
糯米粉……45g
玉米粉……5g
純糖粉……10g
南瓜粉……4g
水……75g

D 內餡
紅豆餡……360g（P.41）
水蜜桃罐頭……2片

E 其他
熟太白粉……適量

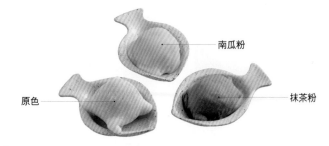

南瓜粉

原色

抹茶粉

【製作內餡】

  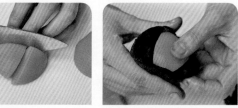

1 紅豆餡360g分成12份（每個30g）；水蜜桃瀝乾並擦乾水分，每片切6份，備用。

2 每份紅豆餡包入1份水蜜桃，收口捏緊後收圓；在一個平盤上撒上熟太白粉，備用。

做法接續下一頁 →

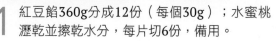

Point 小叮嚀

● 任何喜歡的天然蔬菜色粉都可以應用在這款點心上。

● 水蜜桃可以草莓、奇異果或哈密瓜等果肉密實的水果切塊替換，使用前要完全瀝乾及擦乾表面水分，能避免發生紅豆餡無法完全包裹水果的問題。

● 熟太白粉指的是市面上外包裝標示「日本太白粉」，若買不到時，取一般太白粉，用烤箱140℃～150℃烘烤10～15分鐘，放涼就可以使用了。

【製作外皮】

3 材料A全部倒入耐熱器皿中,混合均勻成團,即為白色粉漿糰(原色麵糰)。

4 材料B全部倒入耐熱器皿中,混合均勻成團,即為綠色粉漿糰。

5 材料C全部倒入耐熱器皿中,混合均勻成團,即為黃色粉漿糰。

【蒸熟】

6 將三色粉漿糰一起放入蒸籠中,以中大火蒸15～20分鐘到粉團呈現為透明的膨脹感。

 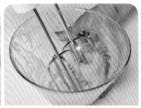  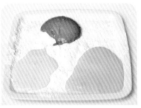

7 蒸熟的白色粉糰倒入調理盆,用電動打蛋器的中速,攪打約1分鐘使更柔軟,取出後放在撒了熟太白粉的平盤上,綠色麵糰、黃色麵糰也是以同樣方式處理。

8 等待熟粉糰降溫冷卻後,手上沾冷開水防沾,將熟粉糰各別分成4等份(每份約30g)即為大福皮,將大福皮包入1份包有水蜜桃的紅豆餡,收口捏緊,然後收口朝下擺放即完成。

薔薇和菓子

材料	A 求肥	B 其他
	糯米粉……40g	白豆沙……100g（P.39）
	純糖粉……30g	紅豆餡……45g（P.41）
	玉米粉……10g	紅麴粉……5g
	水……50g	抹茶粉……1g
		熟太白粉……適量

抹茶粉

紅麴粉

【製作求肥與練切】

1 材料A全部倒入耐熱器皿中，混合均勻成粉漿糰，放入蒸籠中，以大火蒸約20分鐘到表面看起來有點膨脹且微透後，取出後放在撒了熟太白粉的平盤上（即為日式的求肥）。

2 將還呈現溫熱狀態的求肥撕成小塊，取10g與白豆沙混合，用手持式攪拌機的中速攪拌到材料完全均勻無結塊，而且顏色更為柔和淺白色為止（即為日式的練切）。

Point
小叮嚀

● 趁粉漿糰（求肥）溫熱狀態下，取出要使用的量，其餘降溫後分小塊，以烘焙紙包好後冷藏保存，兩天內使用完畢（使用前稍微加熱蒸過即可）。

● 熟太白粉指的是市面上外包裝標示「日本太白粉」，若買不到時，取一般太白粉，用烤箱140℃～150℃烘烤10～15分鐘，放涼就可以使用了。

【組合】

3 紅豆餡45g分成3份（每份15g），滾圓；將做法3白豆沙粉糰分成90g、10g（10g留著做法5使用），90g以紅麴粉染成深紅色，分成3份，各別包入1份紅豆餡，滾圓後光滑面朝上，收口朝掌心放。

4 取一支圓湯匙，順著外皮表面順時針方向壓出三道切痕，每道切痕在前一道的中間處，然後稍微向外輕壓做出花瓣間隙，用同樣方式在第一圈切痕外再做出第二圈切痕，依序完成另外兩個。

5 取10g白豆沙粉糰加入抹茶粉染成淺綠色，上下墊著泡過冷開水的乾淨紗布，輕輕擀壓開後，用彎曲的薄刮板在左右各切壓一刀，切出葉片形狀再輕壓出葉脈，黏在做法4的薔薇邊即完成。

Point
小叮嚀

- 冷藏後的和菓子，食用前先置於常溫下回溫，再搭配抹茶一起享用。
- 求肥一詞為日本漢字直譯，是類似麻糬皮的米製品，主要用在加入白豆沙中製作成和菓子的基礎外皮（練切）。
- 練切一詞為日本漢字直譯，是指白豆沙與求肥以約10：1的比例均勻揉和而成的和菓子基礎外皮。

難易度：★★☆☆☆ | 份量：直徑8×高4公分烤模12個 | 最佳賞味期：現做現吃／冷藏7天

不是小發糕菲國小米糕

材料

A 原色粉漿
蓬萊米粉……95g
冷開水……60g
椰奶……60g
熟米飯……7g
細砂糖……45g
無鋁泡打粉……4.5g

B 綠色粉漿
蓬萊米粉……95g
冷開水……115g
斑蘭葉……3片
熟米飯……7g
細砂糖……45g
無鋁泡打粉……4.5g

原色　斑蘭葉汁口

【基本準備】

1　每個烤模內側先擦上薄薄一層沙拉油防沾備用。

2　斑蘭葉與材料B冷開水一起放入食物調理機，攪打成泥，瀝除葉渣，只取汁備用。

做法接續下一頁 →

Point
小叮嚀

● 有別於傳統泡打粉，無鋁泡打粉是在合理使用範圍內都可以放心使用的材料，使用比例上限約為配方中粉類總量的4%為宜。

● 斑蘭葉為東南亞常見香料植物，可以打成汁添加在甜點中，也具有染色作用，也能將新鮮的斑蘭葉用於燉煮或用來包裹食物油炸。台灣人習慣稱它為香蘭葉，主要原因是它的葉子長得像國蘭的葉子，加上帶有芋頭香氣，所以稱之香蘭。

3 材料A的蓬萊米粉、冷開水、椰奶與熟米飯混合均勻,加入細砂糖、無鋁泡打粉,一起用食物調理機攪打成細緻粉漿,用篩網過濾一遍,然後倒入烤模中,排入蒸籠。

4 材料B的蓬萊米粉、斑蘭葉汁與熟米飯混合,加入細砂糖、無鋁泡打粉,一起用食物調理機攪打成細緻粉漿,用篩網過濾一遍,然後倒入烤模中,放入蒸籠中。

【蒸熟】

5 以大火蒸15分鐘至熟,取出放涼就可以脫模了。

越疊越美娘惹糕

材料	A 黃色粉漿	B 綠色粉漿	C 紫色粉漿	D 原色粉漿
	地瓜粉……50g	地瓜粉……50g	地瓜粉……50g	地瓜粉……50g
	糯米粉……15g	糯米粉……15g	糯米粉……15g	糯米粉……15g
	椰奶……60g	椰奶……60g	椰奶……60g	椰奶……120g
	南瓜泥……60g（P.23）	斑蘭葉……2片	紫薯泥……60g（P.29）	細砂糖……60g
	細砂糖……60g	冷開水……60g	細砂糖……60g	
		細砂糖……60g		

斑蘭葉汁 —— 原色 —— 南瓜泥 —— 紫薯泥

【基本準備】

1 在蛋糕模內的底部與四周，抹上一層薄薄沙拉油備用。

2 **製作斑蘭葉汁：**斑蘭葉剪小段，與冷開水一起放入食物調理機，攪打均勻後濾出汁液備用。

【玩出顏色】

3 材料A的地瓜粉、糯米粉混合均勻，與椰奶、南瓜泥、細砂糖混合，用打蛋器拌勻成黃色粉漿，用篩網過濾一次。

Point
小叮嚀

● 在蛋糕模內的底部與四周，抹上一層薄薄植物油（例如：大豆沙拉油、葵花油等），可以避免沾黏嚴重，方便後續脫模更順利。
● 一定要有耐心，一層一層慢慢填、一層一層慢慢蒸，才會形成漂亮分層的娘惹糕。

4 材料B的地瓜粉、糯米粉混合均勻，與椰奶、斑蘭葉汁、細砂糖混合，用打蛋器拌勻成綠色粉漿，用篩網過濾一次。

5 材料C的地瓜粉、糯米粉混合均勻，與椰奶、紫薯泥、細砂糖混合，用打蛋器拌勻成紫色粉漿，用篩網過濾一次。

6 材料D的地瓜粉、糯米粉混合均勻，與椰奶、細砂糖混合，用打蛋器拌勻成白色粉漿（原色粉漿），用篩網過濾一次。

【入模蒸熟】

7 將黃色粉漿先倒入模型中，並抹平，敲一下使粉漿更密實，放入蒸籠，以大火蒸10分鐘後，再倒入綠色粉漿，重複以大火蒸10分鐘，接著倒入紫色粉漿，重複以大火蒸10分鐘，最後倒入白色粉漿，蒸15分鐘後取出放涼。

【脫模】

8 將完全冷卻的娘惹糕冷藏，食用前壓一下糕體表面使脫模，切片即可。

難易度：★★★★★　　份量：每一色各4個　　最佳賞味期：現做現吃／冷藏2天

泰泰椰想吃糯米球

材料	A 黃色粉糰	B 綠色粉糰	C 其他
	糯米粉……60g	糯米粉……70g	椰子絲……50g
	南瓜泥……60g（P.23）	斑蘭葉……2片	
	椰糖……20g	冷開水……50g	
		椰糖……20g	

南瓜泥

斑蘭葉汁

【基本準備】

1 **製作斑蘭葉汁：**斑蘭葉剪段，與冷開水一起放入食物調理機，攪打均勻後濾出汁液備用。

【包入內餡】

2 材料A的糯米粉與南瓜泥混合拌勻，分成4份（每份約30g），每份包入5g椰糖後搓圓。

3 材料B的糯米粉與斑蘭葉汁混合拌勻，分成4份（每份約30g），每份包入5g椰糖後搓圓。

【蒸熟】

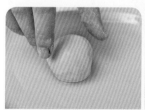  

4 包好的糯米球，先滾一層薄薄冷開水，再沾上一層椰子絲，然後排入墊蒸籠紙的蒸籠，以大火蒸5分鐘即完成，冷藏後食用更佳。

| 難易度：★★★★☆ | 份量：直徑約6公分蛋糕紙模6杯 | 最佳賞味期：現做現吃 / 冷藏2天 |

韓國豆沙小花園

材料

A 蛋糕體
低筋麵粉……100g
無鹽奶油……100g
細砂糖……60g
全蛋……2個
鹽……少許（0.5g）
天然香草精……1～2滴

B 豆沙奶油霜
白豆沙……240g
無鹽奶油……60g
牛奶……40g

C 染料
紅色染料……2g（P.44）
黃色染料（梔子果實）……2g（P.46）
綠色染料……2g（P.48）

黃色染料

紅色染料

綠色染料

原色

【基本準備】

1 烤箱請先預熱至180℃；低筋麵粉過篩；無鹽奶油放室溫軟化，備用。

【製作蛋糕體】

2 **製作蛋糕體：**無鹽奶油、低筋麵粉一起放到大的調理盆，先以電動打蛋器慢速將麵粉和奶油混合到看不見麵粉，即轉為中高速，將麵糊持續攪打5～8分鐘至麵糊顏色變淺色，倒入細砂糖，繼續攪打3分鐘至幾乎看不見細砂糖為止即為奶油麵糊。

做法接續下一頁 →

【製作蛋糕體】

3 一次加1個全蛋,將全蛋慢慢與奶油麵糊攪打均勻(每次都要攪打到蛋汁完全被吸收了後,再加下一個全蛋),加入鹽、天然香草精,拌勻後即為香草口味麵糊,裝入拋棄式擠花袋備用。

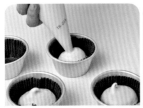  

4 取6個布丁模(或拋棄式鋁模),裡面分別放入1張杯子蛋糕紙模,然後將做法3麵糊填入蛋糕紙模,放入烤箱,烘烤15~18分鐘至熟,取出後放涼備用。

【製作豆沙奶油霜】

5 **製作豆沙奶油霜:**白豆沙與無鹽奶油一起放入調理盆,用電動打蛋器稍微攪打至變白且蓬鬆後,邊攪打邊緩緩加入牛奶,攪打均勻即可。

【玩出顏色】

6 先取兩份豆沙奶油霜(每份約150g),分別調入紅色染料、黃色染料,拌勻備用。剩下的20g豆沙奶油霜,調入綠色染料,剩下20g保留原色。

7 將紅色豆沙奶油霜裝入裝了大玫瑰花嘴的拋棄式擠花袋中，黃色豆沙奶油霜裝入裝了小玫瑰花嘴的拋棄式擠花袋中，綠色豆沙奶油霜裝入裝了葉齒花嘴的拋棄式擠花袋中，原色豆沙奶油霜裝入裝了圓形花嘴的拋棄式擠花袋中。

【組合】

8 取一支花針，花嘴的尖端朝外、頓端朝內，先在花針中心擠出一錐形花心（擠出同時旋轉花針即可形成），右手持豆沙奶油霜，由外朝內，同時由下往上再往下的移動方式在花心周圍擠出第一片花瓣，花針稍稍向內旋轉，用同樣方式擠出第2、3片花瓣（幅度要逐漸加大），以此類推擠出9～11片花瓣後，用剪刀將完成的玫瑰花取下，放在完全放涼的杯子蛋糕上。黃色豆沙奶油霜以同樣方式擠出玫瑰花，大小依個人喜好決定。

9 在放置大小玫瑰花的杯子蛋糕周圍，擠上綠色豆沙奶油霜，快速向外提抽的方式擠出葉片，數量依個人喜好決定，最後用原色豆沙奶油霜，在完成的玫瑰花葉片上點綴出白色露珠即完成。

Point
小叮嚀

● 製作玫瑰花時，拉出花瓣的幅度要逐漸加大為佳，並且花朵大小及顏色可以任意搭配。
● 個人是選用三能的大玫瑰花嘴（SN7527）、小玫瑰花嘴（SN7029）、葉齒花嘴（SN7172）、圓形花嘴（SN7061）），給大家參考喔！

烘焙材料行一覽表

【北部地區】

富盛	200	基隆市仁愛區曲水街18號	（02）2425-9255
美豐	200	基隆市仁愛區孝一路36號	（02）2422-3200
新樺	200	基隆市仁愛區獅球路25巷10號	（02）2431-9706
嘉美行	202	基隆市中正區豐稔街130號B1	（02）2462-1963
證大	206	基隆市七堵區明德一路247號	（02）2456-6318
精浩（日勝）	103	台北市大同區太原路175巷21號1樓	（02）2550-6996
燈燦	103	台北市大同區民樂街125號	（02）2557-8104
洪春梅	103	台北市大同區民生西路389號	（02）2553-3859
佛晨（果生堂）	104	台北市中山區龍江路429巷8號	（02）2502-1619
金統	104	台北市中山區龍江路377巷13號1樓	（02）2505-6540
申崧	105	台北市松山區延壽街402巷2弄13號	（02）2769-7251
義興	105	台北市松山區富錦街574巷2號	（02）2760-8115
向日葵	106	台北市大安區市民大道四段68巷4號	（02）8771-5775
樂烘焙	106	台北市大安區和平東路三段68-8號	（02）2738-0306
升源（富陽店）	106	台北市大安區富陽街21巷18弄4號1樓	（02）2736-6376
正大行	108	台北市萬華區康定路3號	（02）2311-0991
大通	108	台北市萬華區德昌街235巷22號	（02）2303-8600
升記（崇德店）	110	台北市信義區崇德街146巷4號1樓	（02）2736-6376
日光	110	台北市信義區莊敬路341巷19號	（02）8780-2469
飛訊	111	台北市士林區承德路四段277巷83號	（02）2883-0000
宜芳	111	台北市士林區社中街99號1樓	（02）2811-8267
嘉順	114	台北市內湖區五分街25號	（02）2632-9999
元寶	114	台北市內湖區環山路二段133號2樓	（02）2658-9568
橙佳坊	115	台北市南港區玉成街211號	（02）2786-5709
得宏	115	台北市南港區研究院路一段96號	（02）2783-4843
卡羅	115	台北市南港區南港路二段99-22號	（02）2788-6996
菁乙	116	台北市文山區景華街88號	（02）2933-1498
全家	116	台北市文山區羅斯福路五段218巷36號1樓	（02）2932-0405
大家發	220	新北市板橋區三民路一段99號	（02）8953-9111
全成功	220	新北市板橋區互助街20號（新埔國小旁）	（02）2255-9482
旺達（新順達）	220	新北市板橋區信義路165號	（02）2962-0114
愛焙	220	新北市板橋區莒光路103號	（02）2250-9376
聖寶	220	新北市板橋區觀光街5號	（02）2963-3112
盟昌	220	新北市板橋區縣民大道三段205巷16弄17號2樓	（02）2251-7823
加嘉	221	新北市汐止區汐萬路一段246號	（02）2649-7388
彰益	221	新北市汐止區環河街186巷2弄4號	（02）2695-0313

佳佳	231	新北市新店區三民路88號	（02）2918-6456
艾佳（中和）	235	新北市中和區宜安路118巷14號	（02）8660-8895
安欣	235	新北市中和區連城路389巷12號	（02）2225-0018
嘉元	235	新北市中和區連城路224-16號	（02）2246-1788
全家（中和）	235	新北市中和區景安路90號	（02）2245-0396
馥品屋	238	新北市樹林區大安路175號	（02）2686-2569
快樂媽媽	241	新北市三重區永福街242號	（02）2287-6020
豪品	241	新北市三重區信義西街7號	（02）8982-6884
家藝	241	新北市三重區重陽路一段113巷1弄38號	（02）8983-2089
今今	248	新北市五股區四維路142巷14弄8號	（02）2981-7755
德麥食品	248	新北市五股工業區五權五路81號	（02）2298-1347
銘珍	251	新北市淡水區下圭柔山119-12號	（02）2626-1234
艾佳（桃園）	330	桃園市永安路281號	（03）332-0178
湛勝	330	桃園市永安路159-2號	（03）332-5776
做點心過生活（桃園）	330	桃園市復興路345號	（03）335-3963
做點心過生活	330	桃園市民生路475號	（03）335-1879
和興	330	桃園市三民路二段69號	（03）339-3742
艾佳（中壢）	320	桃園縣中壢市環中東路二段762號	（03）468-4558
做點心過生活（中壢）	320	桃園縣中壢市中豐路320號	（03）422-2721
桃榮	320	桃園縣中壢市中平路91號	（03）422-1726
乙馨	324	桃園縣平鎮市大勇街禮節巷45號	（03）458-3555
東海	324	桃園縣平鎮市中興路平鎮段409號	（03）469-2565
家佳福	324	桃園縣平鎮市環南路66巷18弄24號	（03）492-4558
台揚（台威）	333	桃園縣龜山鄉東萬壽路311巷2號	（03）329-1111
陸光	334	桃園縣八德市陸光街1號	（03）362-9783
廣福林	334	桃園縣八德市富榮街294號	（03）363-8057
新盛發	300	新竹市民權路159號	（03）532-3027
萬和行	300	新竹市東門街118號	（03）522-3365
新勝（熊寶寶）	300	新竹市中山路640巷102號	（03）538-8628
永鑫（新竹）	300	新竹市中華路一段193號	（03）532-0786
力陽	300	新竹市中華路三段47號	（03）523-6773
康迪（烘培天地）	300	新竹市建華街19號	（03）520-8250
富讚	300	新竹市港南里海埔路179號	（03）539-8878
葉記	300	新竹市鐵道路二段231號	（03）531-2055
艾佳（新竹）	302	新竹縣竹北市成功八路286號	（03）550-5369
普來利	302	新竹縣竹北市縣政二路186號	（03）555-8086
天隆	351	苗栗縣頭份鎮中華路641號	（03）766-0837

【中部地區】•••

總信	402	台中市南區復興路三段109-4號	（04）2220-2917
永誠行（總店）	403	台中市西區民生路147號	（04）2224-9876

永誠行（精誠店）	403	台中市西區精誠路317號	（04）2472-7578
玉記（台中）	403	台中市西區向上北路170號	（04）2310-7576
永美	404	台中市北區健行路665號	（04）2205-8587
齊誠	404	台中市北區雙十路二段79號	（04）2234-3000
榮合坊	404	台中市北區博館東街10巷9號	（04）2380-0767
裕軒	406	台中市北屯區昌平路二段20-2號	（04）2421-1905
辰豐	406	台中市北屯區中清路151-25號	（04）2425-9869
利生	407	台中市西屯區西屯路二段28-3號	（04）2312-4339
利生	407	台中市西屯區河南路二段83號	（04）2314-5939
豐榮	420	台中市豐原區三豐路317號	（04）2527-1831
鼎亨	412	台中市大里區光明路60號	（04）2686-2172
美旗	412	台中市大里區仁禮街45號	（04）2496-3456
漢泰	420	台中市豐原區直興街76號	（04）25228618
永誠行	500	彰化市三福街195號	（04）724-3927
永誠行	500	彰化市彰新路2段202號	（04）733-2988
王誠源	500	彰化市永福街14號	（04）723-9446
億全	500	彰化市中山路二段252號	（04）723-2903
永明	500	彰化市磚窯里芳草街35巷21號	（04）761-9348
永明	500	彰化市和美鎮彰草路二段120-8號	（04）761-9348
上豪	502	彰化縣芬園鄉彰南路三段355號	（04）952-2339
金永誠	510	彰化縣員林鎮員水路2段423號	（04）832-2811
順興	542	南投縣草屯鎮中正路586-5號	（049）233-3455
信通	542	南投縣草屯鎮太平路二段60號	（049）231-8369
宏大行	545	南投縣埔里鎮清新里雨樂巷16-1號	（049）298-2766
利昌珍	557	南投縣竹山鎮前山路一段247號	（049）264-2530
新瑞益（雲林）	630	雲林縣斗南鎮七賢街128號	（05）596-3765
彩豐	640	雲林縣斗六市西平路137號	（05）533-4108
巨城	640	雲林縣斗六市仁義路6號	（05）532-8000
宗泰	651	雲林縣北港鎮文昌路140號	（05）783-3991

【南部地區】 ●●

新瑞益（嘉義）	600	嘉義市仁愛路142-1號	（05）286-9545
福美珍	600	嘉義市西榮街135號	（05）222-4824
尚典	600	嘉義市四維路370號	（05）234-9175
名陽	622	嘉義縣大林鎮自強街25號	（05）265-0557
瑞益	700	台南市中區民族路二段303號	（06）222-4417
永昌（台南）	701	台南市東區長榮路一段115號	（06）237-7115
永豐	702	台南市南區賢南街51號	（06）291-1031
利承	702	台南市南區興隆路103號	（06）296-0152
松利	702	台南市南區福吉路3號	（06）228-6256
上品	703	台南市西區永華一街159號	（06）299-0728
世峰行	703	台南市西區大興街325巷56號	（06）250-2027

玉記（台南）	703	台南市西區民權路三段38號	（06）224-3333
銘泉	704	台南市北區和緯路二段223號	（06）251-8007
富美	704	台南市北區開元路312號	（06）237-6284
旺來鄉	717	台南市仁德區仁德村中山路797號1F	（06）249-8701
玉記（高雄）	800	高雄市六合一路147號	（07）236-0333
正大行（高雄）	800	高雄市新興區五福二路156號	（07）261-9852
全成	800	高雄市新興區中東街157號	（07）223-2516
華銘	802	高雄市苓雅區中正一路120號4樓之6	（07）713-1998
極軒	802	高雄市苓雅區興中一路61號	（07）332-2796
東海	803	高雄市鹽埕區大公路49號	（07）551-2828
旺來興	804	高雄市鼓山區明誠三路461號	（07）550-5991
新鈺成	806	高雄市前鎮區千富街241巷7號	（07）811-4029
旺來昌	806	高雄市前鎮區公正路181號	（07）713-5345-9
益利	806	高雄市前鎮區明道路91號	（07）831-9763
德興	807	高雄市三民區十全二路103號	（07）311-4311
十代	807	高雄市三民區懷安街30號	（07）380-0278
和成	807	高雄市三民區朝陽街26號	（07）311-1976
福市	814	高雄市仁武區京中三街103號	（07）374-8237
茂盛	820	高雄市岡山區前峰路29-2號	（07）625-9679
順慶	830	高雄市鳳山區中山路237號	（07）746-2908
全省	830	高雄市鳳山區建國路二段165號	（07）732-1922
晃興	830	高雄市鳳山區青年路二段304號對面	（07）747-5209
世昌	830	高雄市鳳山區輜汽路15號	（07）717-4255
旺來興	833	高雄市鳥松區大華里本館路151號	（07）370-2223
亞植	840	高雄市大樹區井腳里108號	（07）652-2305
四海	900	屏東市民生路180-5號	（08）733-5595
啟順	900	屏東市民和路73號	（08）723-7896
屏芳	900	屏東市大武403巷28號	（08）752-6331
全成	900	屏東市復興南路一段146號	（08）752-4338
翔峰	900	屏東市廣東路398號	（08）737-4759
裕軒	920	屏東縣潮洲鎮太平路473號	（08）788-7835

【東部與離島地區】

欣新	260	宜蘭市進士路155號	（03）936-3114
裕順	265	宜蘭縣羅東鎮純精路二段96號	（03）954-3429
梅珍香	970	花蓮市中華路486-1號	（038）356-852
萬客來	970	花蓮市和平路440號	（038）362-628
大麥	973	花蓮縣吉安鄉建國路一段58號	（038）461-762
大麥	973	花蓮縣吉安鄉自強路369號	（038）578-866
華茂	973	花蓮縣吉安鄉中原路一段141號	（038）539-538
玉記（台東）	950	台東市漢陽路30號	（08）932-6505
永誠	880	澎湖縣馬公市林森路63號	（06）927-9323

廚房 Kitchen 0048

新發現！天然蔬果泥幻彩手工甜點

一次學會好吃又好看的蛋糕、餅乾、糖果、和菓子、中式點心與甜品

作　者	爐卡斯（LUCAS CHEN）	出版者	日日幸福事業有限公司
攝　影	周禎和	地　址	106台北市和平東路一段10號12樓之1
商品贊助	伊萊克斯家電、尚朋堂家電、	電　話	（02）2368-2956
	食在呼TFoodies	傳　真	（02）2368-1069
		郵撥帳號	50263812
總編輯	鄭淑娟	戶　名	日日幸福事業有限公司
行銷主任	邱秀珊	法律顧問	王至德律師
業務主任	陳志峰		（02）2773-5218
主　編	葉菁燕	發　行	聯合發行股份有限公司
內頁設計	鄧宜琨		電話：（02）2917-8012
封面設計	行者創意	印　刷	中茂分色製版印刷事業股份有限公司
			電話：（02）2225-2627
		初版一刷	2017年7月
		定　價	420元

國家圖書館出版品預行編目（CIP）資料

新發現！天然蔬果泥幻彩手工甜點：一次學會好吃又
好看的蛋糕、餅乾、糖果、和菓子、中式點心與甜品/
爐卡斯（LUCAS CHEN）作. -- 初版. -- 臺北市：日日幸
福事業出版：聯合發行，2017.07
264面；19×25.5公分. --（廚房Kitchen；48）

ISBN 978-986-94569-3-7(平裝)

1.點心食譜 2.烘焙 3.中式點心

427.16　　　　　　　　　　　　106008545

發酵 40℃~45℃

發酵功能
旋風加熱

SO-9428S

多功能
專業級烤箱

烘乾 100℃~150℃

超大容量　　獨立控溫　　旋風功能

不鏽鋼烤盤　　麵包屑盤　　鏡面面板

烘烤 180℃~230℃　　烘培 100℃~180℃

SO-9428S

發酵、烘烤
一機完成

今天要料理什麼？絕對難不倒你！

料理烹飪通通搞定。

商品功能 ▶

· 溫度調整 (100°~250°)

· 發酵功能 (40~45°)

· 鏡 面 面 板

· 上 下 管 旋 風

· 內 置 照 明 燈

· 附 #304 不鏽鋼烤盤

· 附抽取式麵包屑盤

· 時間開關：60分鐘

鏡面
面板

台灣之光
品牌保證

對家人的愛-無價

食在呼創辦人 Angela，兩個孩子的媽，堅持有時間就親自為家人下廚的她，熱愛料理、更愛孩子用餐時的滿足笑容。因此親自走訪產地農園尋找可靠的食物來源。

在澳洲，她找到了純天然的優質食材，唯有敢讓自己孩子吃的食材，才能讓別人的孩子也敢吃，唯有自己全心信任的食材，才能讓其他媽媽都能安心的購買、安心的煮給全家人吃，讓每個孩子健康快樂的長大！

嚴選食材 食在呼

在食在呼嚴格把關下，食在呼不僅選出最優質的食材，同時重視農場主人尊重大自然、友善環境的精神，將最純淨美味、最天然的安心食材從產地到餐桌，直送台灣，獻給在乎真實真食的您。

產地直送　　　天然嚴選　　　品質把關

▌La Barre 澳洲樂霸 特級初榨橄欖油、風味香醋系列

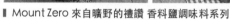
▌Mount Zero 來自曠野的禮讚 香料鹽調味料系列

庭富國際有限公司
www.tfoodies.com

客服專線：04-24366659

 食在呼 TFoodies

LINE@生活圈
@kqc0569s

Masterpiece Collection

大師系列 完美淬鍊 曠世經典

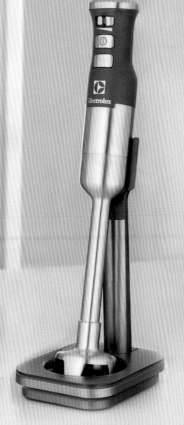

ESTM9814S
專業級手持式攪拌棒

EBR9804S
智能調理果汁機

獨家黃金10度
傾角專利科技

4D立體攪拌科技
EM6鈦合金刀組

智能程式系統
重組食材美味基因

降低氧化升溫
保留最大營養

全球知名獎項肯定
完美攪拌效能

豪華禮大相送
都在日日幸福！

只要填好讀者回函卡寄回本公司（直接投郵），
您就有機會免費將以下各項大獎帶回家。

 獎 項 內 容

【尚朋堂】
28公升鏡面旋風烤箱

市價2990元 / 名額5名

功能介紹

- 烘烤功能外，擁有單獨發酵功能設定（40度發酵環境）。
- 四種模式設定（發酵、上管、下管、上下管加旋風）。
- 烤盤為#304食用級不鏽鋼材質，吃得更安心，抽取式集屑盤，清洗更方便。
- 上下分別獨立溫度控制（100～250℃），時間設定（60分鐘），更具備連續功能。

【伊萊克斯】
EHM3407 Love Your Day 系列
手持式攪拌機

市價1490元 / 名額10名

功能介紹

- 350W強力馬達，大份量食材也能攪拌均勻。
- 5段數＋瞬速鍵，輕鬆符合各種需求（攪拌、打發及混合）。
- 附帶配件2支不鏽鋼打蛋器、2支不鏽鋼攪麵勾，卸載輕鬆不費力。
- 扭結式的設計讓打蛋器能夠有效將空氣混合進鮮奶油中，達到最佳的打發效果。

 參 加 辦 法

只要購買《新發現！天然蔬果泥幻彩手工甜點》填妥書裡「讀者回函卡」（免貼郵票），
於2017年9月25日前（郵戳為憑）寄回【日日幸福】，本公司將抽出共15位幸運的讀者。
得獎名單將於2017年10月5日公布在：

日日幸福部落格：http://happinessalways.pixnet.net/blog
日日幸福粉絲團：https://www.facebook.com/happinessalwaystw

◎以上獎項，非常感謝尚朋堂、伊萊克斯大方贊助！

書名｜新發現！天然蔬果泥幻彩手工甜點　　　書號｜HAKI0048